贾东 主编 建筑与文化·认知与营造 系列丛书

重访张謇走过的日本城市

于海漪 著

中国建筑工业出版社

图书在版编目（CIP）数据

重访张謇走过的日本城市/于海漪著. —北京：中国建筑工业出版社，2013.6

（建筑与文化·认知与营造　系列丛书/贾东主编）

ISBN 978-7-112-15388-6

Ⅰ.①重…　Ⅱ.①于…　Ⅲ.①建筑-文化-日本　Ⅳ.①TU-8

中国版本图书馆CIP数据核字（2013）第093604号

责任编辑：唐　旭　张　华
责任校对：王雪竹　赵　颖

建筑与文化·认知与营造　系列丛书
贾东　主编
重访张謇走过的日本城市
于海漪　著
*
中国建筑工业出版社出版、发行（北京西郊百万庄）
各地新华书店、建筑书店经销
北京嘉泰利德公司制版
北京建筑工业印刷厂印刷
*
开本：787×1092毫米　1/16　印张：$14^1/_4$　字数：300千字
2013年7月第一版　2013年7月第一次印刷
定价：48.00元
ISBN 978-7-112-15388-6
（23482）

总　序

人做一件事情，总是跟自己的经历有很多关系。

1983 年，我考上了大学，在清华大学建筑系学习建筑学专业。

大学五年，逐步拓展了我对建筑空间与形态的认识，同时也学习了很多其他的知识。大学二年级时做的一个木头房子的设计，至今还经常令自己回味。

回想起来，在那个年代的学习，有很多所得，我感谢母校，感谢老师。而当时的建筑学学习不像现在这样，有很多具体的手工模型。我的大学五年，只做过简单的几个模型。如果大学二年级时做的那一个木头房子的设计，是以实体工作模型的方式进行，可能会更多地影响我对建筑的理解。

1988 年大学毕业以后，我到设计院工作了两年，那两年参与了很多实际建筑工程设计。而在实际建筑工程设计中，许多人关心的也是建筑的空间与形态，而设计人员落实的却是实实在在的空间界面怎么做的问题，要解决很多具体的材料及其做法,而多数解决之道就是引用标准图,通俗地说,就是“画施工图吹泡泡”。当时并没有意识到，这种“吹泡泡”的过程其实是对于建筑理解的又一个起点。

1990 年到 1993 年，我又回到了清华大学，跟随单德启先生学习。跟随先生搞的课题是广西壮族自治区融水民居改造，其主要的内容是用适宜材料代替木材。这个改进意义是巨大的，其落脚点在材料上。这时候再回味自己前两年工作实践中的很多问题，不是简单地“画施工图吹泡泡”就可以解决的。自己开始初步认识到，建筑的发展，除了文化、场所、环境等种种因素以外，更多的还是要落实到“用什么、怎么做、怎么组织”的问题。

我的硕士论文题目是《中国传统民居改建实践及系统观》。今天想来，这个题目宏大而略显宽泛，但另一方面，对于自己开始学习着去全面地而不是片面地认识建筑，其肇始意义还是很大的。我很感谢母校与先生对自己的浅薄与锐气的包容与鼓励。

硕士毕业后，我又到设计院工作了八年。这八年中，在不同的工作岗位上，对“用什么、怎么做、怎么组织”的理解又深刻了一些，包括技术层面的和综合层面的。有一些专业设计或工程实践的结果是各方面的因素加起来让人哭笑不得的结果。而从专业角度,我对于“画施工图吹泡泡”,有了更多的理解、无奈和思考。

随着年龄的增长及十年设计院实际工程设计工作中，对不同建筑实践进一步的接触和思考，我对材料的意义体会越来越深刻。“用什么、怎么做、怎么组织”的问题包含了诸多辩证的矛盾，时代与永恒、靡费与品位、个性与标准。

十多年以前，我回到大学里担任教师，同时也参与一些工程实践。在这个过程中，我也在不断地思考一个问题——建筑学类的教育的落脚点在哪里?

建筑学类的教育是很广泛的。从学科划分来看，今天的建筑学类有建筑学、城市规划、风景园林学三个一级学科。这三个一级学科平行发展，三者同源、同理、同步。它们的共同点在于，都有一个“用什么、怎么做、怎么组织”的问题，还有对这一切怎么认知的问题。

有三个方面，我也是一直在一个不断认知学习的过程中。而随着自己不断学习，越来越体会到，我们的认知也是发展变化的。

第一个方面，建筑与文化的矛盾。

作为一个经过一定学习与实践的建筑学专业教师，自己对建筑是什么、文化是什么是有一定理解的。但是，随着学习与研究的深入，越来越觉得自己的理解是不全面的。在这里暂且不谈建筑与文化是什么，只想说一下建筑与文化的矛盾。在时间上，建筑更是一种行为，而文化更是一种结果；在空间上，建筑作为一种物质存在，它更多的是一些点，文化作为一种精神习惯，它更多的是一些脉络。就所谓的“空”和“间”两个字而言,文化似乎更趋向于广袤而延绵的“空”，而建筑更趋向于具体而独特的“间”。因而，在地位上，建筑与文化的坐标体系是不对称的。正因为其不对称，却又有着这样那样的对应关系，所以建筑与文化的矛盾是一系列长久而有意义的问题。

第二个方面，营造的三个含义。

建筑其用是空间，空间界面却不是一条线，而是材料的组织体系。

建筑其用不止于空间，其文化意义在于其形态涵义，而其形态又是时间的组织体系。

对营造的第一个理解，是以材料应用为核心的一个技术体系，如营造法式、营造法则等。中国古代建筑的辉煌成就正是基于以木材为核心的营造体系的日臻完善。

对营造的第二个理解，是以传统营造为内容的研究体系，如先辈创办的中国营造学社等。

对营造的第三个理解，则是符合人的需要的、各类技术结合的体系。并不是新的快的大的就是好的。正如小的也许是好的，我们认为，慢的也许是更好的。

至此，建筑、文化、认知、营造这几个词已经全部呈现出来了。

对建筑、文化、营造这三个概念该如何认知，是建筑学类教育的一个基本命题。

第三个方面，建筑、文化、认知、营造几个词汇的多组合。

建筑、文化、认知、营造几个词汇产生很多组合，这里面也蕴含了很多互动关系。如，建筑认知、认知建筑，建筑营造、营造建筑，建筑文化、文化建筑，文化认知、认知文化，文化营造、营造文化，认知营造、营造认知，等等。

还有建筑与文化的认知，建筑与文化的营造，等等。

这些组合每一组都有一个非常丰富的含义。

经过认真的考虑，把这一套系列丛书定名为“建筑与文化·认知与营造”，它是由四个关键词组成的，在一定程度上也是一种平行、互动的关系。丛书涉及建筑类学科平台下的建筑学、城乡规划学、风景园林学三个一级学科，既有实践应用也有理论创新，基本支撑起“建筑、文化、认知、营造”这样一个营造体系的理论框架。

我本人之《中西建筑十五讲》试图以一本小书的篇幅来阐释关于建筑的脉络，试图梳理清楚建筑、文化、认知、营造的种种关联。这本书是一本线索式的书，是一个专业学习过程的小结，也是一个专业学习过程的起点，也是面对非建筑类专业学生的素质普及书。

杨绪波老师之《聚落认知与民居建筑测绘》以测绘技术为手段，对民居建筑聚落进行科学的调查和分析，进行对单体建筑的营造技术、空间构成、传统美学的学习，进而启迪对传统聚落的整体思考。

王小斌老师之《徽州民居营造》，偏重于聚落整体层面的研究，以徽州民居空间营造为对象，对传统徽州民居建筑所在的地理生态环境和人文情态语境进行叙述，对徽州民居展开了从“认知”到“文化”不同视角的研究，并结合徽州民居典型聚落与建筑空间的调研展开一些认知层面的分析。

王新征老师之《技术与今天的城市》，以城市公共空间为研究对象，对 20 世纪城市理论的若干重要问题进行了重新解读，并重点探讨了当代以个人计算机和互联网为特征的技术革命对城市的生活、文化、空间产生的影响，以及建筑师在这一过程中面临的问题和所起到的作用，在当代建筑和城市理论领域进行探索。

袁琳老师之《宋代城市形态和官署建筑制度研究》，关注两宋的城市和建筑群的基址规模规律和空间形态特征，展示的是建筑历史理论领域的特定时代和对象的“横断面”。

于海漪老师之《重访张謇走过的日本城市》，对中国近代实业家张謇于 20 世纪初访问日本城市的经历进行重新探访、整理、比较和分析，对日本近代城市建设史展开研究。

许方老师之《北京社区老年支援体系研究》以城市社会学的视角和研究方法切入研究，旨在探讨在老龄化社会背景下，社区的物质环境和服务环境如何有助于老年人的生活。

杨鑫老师之《经营自然与北欧当代景观》，以北欧当代景观设计作品为切入点，研究自然化景观设计，这也是她在地域性景观设计领域的第三本著作。

彭历老师之《解读北京城市遗址公园》，以北京城市遗址公园为研究对象，研究其园林艺术特征，分析其与城市的关系，研究其作为遗址保护展示空间和城市公共空间的社会价值。

这一套书是许多志同道合的同事，以各自专业兴趣为出发点，并在此基础上的不断实践和思考过程中，慢慢写就的。在学术上，作者之间的关系是独立的、自由的。

这一套书由北京市教育委员会人才强教等项目和北方工业大学重点项目资助，以北方工业大学建筑营造体系研究所为平台组织撰写。其中，《中西建筑十五讲》为《全国大学生文化素质教育》丛书之一。在此，对所有的关心和支持表示感谢。

我们经过探讨认为，“建筑与文化·认知与营造”系列丛书应该有这样三个特点。

第一，这一套书，它不可能是一大整套很完备的体系，因为我们能力浅薄，而那种很完备的体系可能几十本、几百本书也无法全面容纳。但是，这一套书之每一本，一定是比较专业且利于我们学生来学习的。

第二，这一套书之每一本，应该是比较集中、生动和实用的。这一套书之每一本，其对应的研究领域之总体，或许已经有其他书做过更加权威性的论述，而我们更加集中于阐述这一领域的某一分支、某一片段或某一认知方式，是生动而实用的。

第三，我们强调每一个作者对其阐述内容的理解，其脉络要清楚并有过程感。我们希望这种互动成为教师和学生之间教学相长的一种方式。

作为教师，是同学生一起不断成长的。确切地说，是老师和学生都在同学问一起成长。

如前面所讲，由于我们都仍然处在学习过程当中，书中会出现很多问题和不足，希望大家多多指正，也希望大家共同来探究一些问题，衷心地感谢大家！

贾　东

2013年春于北方工业大学

目　　录

引　言

1. 背景、目的与意义

1894 年，中日甲午战争后，两国签署了《马关条约》，允许外国人在中国开办工厂等实业。中国士大夫阶层激愤之余，着手“实业救国……以保利权”。这一年，通州的张謇（1853~1926 年，图 0–1）在慈禧六十寿辰恩科科举考试中“大魁天下”成为状元，授三品翰林修撰，次年因父亲去世，回到家乡南通守制。1895 年，张謇在署理两江总督张之洞的支持下，创办实业、以资教育、促进地方发展，拉开了近代南通地方建设的序幕。此后的三十余年间，南通社会发展与城市建设成效显著，一时成为人们争相参观的“模范县”；而并非城市规划专家或学者的张謇，则被时人称作“中国近代地方建设之第一人”（宋希尚，1963：张序）；吴良镛在 2002 年提出了“南通中国近代第一城”的观点（吴良镛，2003：1–16），而张謇城市规划思想在建设中的指导作用不可忽视。在张謇领导南通城市建筑与发展的过程中，他借鉴了来自日本的经验（于海漪，2005：143，167）。

图 0–1　张謇像

（资料来源：张绪武 . 张謇 [M]. 北京：中华工商联合出版社，2004）

张謇对于日本的了解由来已久，1901 年替张之洞撰写的著名上疏《变法平议》中的许多主张都取法于日本，在兴办实业与教育的过程中，也经常借助于日本的技术、经验和师资（章开沅，2000：164），说明他在 1903 年之前，对日本资本主义发展的历史已有多方了解。同时，在 1901 年《辛丑条约》签订的刺激下，国内一些开明官绅认识到近代以来日本的富强之道值得学习，先后到日本参观，回国后发表访问感想，如缪荃孙、吴汝纶等。1902 年秋吴汝纶访日回国，张謇特地到上海请教，并阅读了他的《东游丛录》，坚定了亲自访日的愿望。

清光绪二十九年四月二十六日至六月四日（1903 年 5 月 23 日至 7 月 27 日，1903 年是日本明治 36 年。除涉及张謇日记内容，或特别说明外，本书使用公元

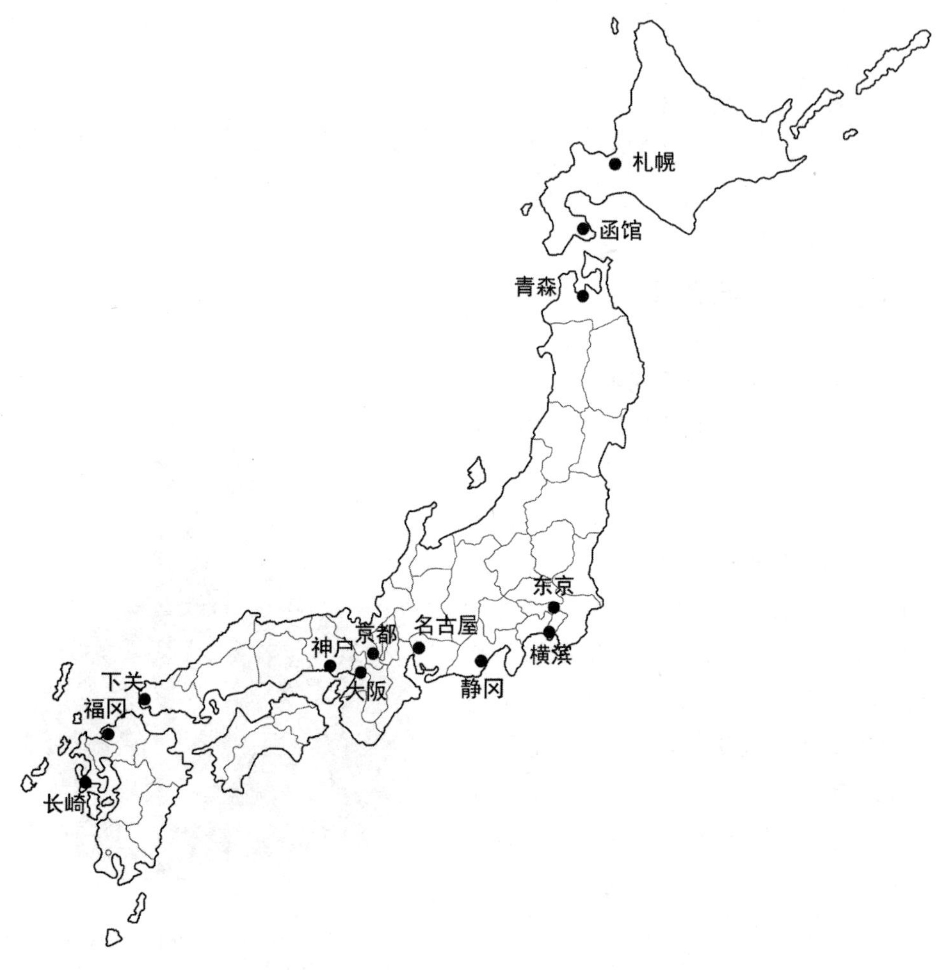

图 0–2　张謇所访问的主要日本城市

（资料来源：根据日本地图（部分）及张謇《癸卯东游日记》绘制）

纪年），张謇借参观大阪第五次内国劝业博览会（FNIE，本文后面写作劝业博）的机会，用 70 天的时间，遍访日本列岛，走访了长崎、神户、大阪、京都、名古屋、东京、札幌、小樽等十几个城市（图 0–2），参观教育机构 35 处、农工商机构 30 处。全方位考察其近代以来在政治、经济、教育、城市建设等各个方面所取得的成就，寻找适合南通和中国借鉴的先进思想和技术。①

回到南通之后，张謇发表了《癸卯东游日记》（本书中简称日记，图 0–3），记录了访日期间的所见所闻和所思所感。在政治上，公开赞成君主立宪并投入到立宪运动当中。思想上，张謇改变了自己原来的"村落主义"，积极提倡"地方自治"；并在教育、实业、城市与区域发展等方面，借鉴了来自日本的经验。在这个过程中，访日所得如何影响张謇所领导的南通城市建设，发挥了怎样的作用，是本书

① 在张謇日记中提到在甲午（1894 年）后创办实业，"又五年（1899 年）而后著效，比时即拟东游考察"。说明他早有访问日本的想法。

的主要研究目标。

2006~2008 年，作者在日本学术振兴会的资助下，以“1903 年访日对南通近代城市规划和张謇城市规划思想的影响”为题，在日本展开调查和研究。2007 年作者重访了张謇 1903 年所访问过的主要日本城市，有两方面收获，也作为本书的宗旨：第一，到每个能够找到的明确的地点、场所，收集当时的资料图片，收集他所访问过的人物的资料，通过这些材料的穿插来寻找张謇访日的收获对他后来在南通的实践和他的规划思想发展有多少直接、间接的影响。第二，作为城市规划专业人员，自己在访问这些日本城市的过程中，一方面在比较 1903 年日本城市与中国城市的差异，另一方面也在比较，100 多年过去了，张謇当年所访问的日本城市的今夕发展，以及他们与张謇所领导的南通 100 多年来的发展，还有中日城市 100 年来的发展。这两方面的内容，都对整理中国近代城市建设史有极高的参考价值。

图 0-3 张謇自题日记封面

（资料来源：张绪武．张謇 [M]. 北京：中华工商联合出版社，2004）

2. 研究方法

本书的主要研究方法是文献调研、实地调研和比较分析。本书是在 2006~2008 年间完成的，具体安排见表 0-1，主要包括以下几个部分：

研究方法及实施计划 **表 0-1**

时间	研究工作	具体计划和结果
2006 年 4~7 月	提出张謇访日行程表（见附录 1）	确定张謇访问城市、地点、人物，准备实地走访的城市、地点、地图，需要查找的文献。参加国际学会
2007 年 2~3 月	到北京、南通调研	收集资料、实地调研。分析附表信息，提出重访计划
2007 年 4 月至 2008 年 3 月	重访日本城市和地点	重访张謇所至城市、地点收集资料，并初步分析
2008 年 4 月	第二次访问南通	补充调研
2008 年 5~9 月	分析、总结	对比在日、中城市调研资料，分析总结

第一，对张謇在《癸卯东游日记》中的相关记载进行整理、分析，提出张謇访日行程表（附录 1），做以下两方面的工作：①对其所访问的城市和具体地点逐一落实，通过对比 1903 年和 2007 年的当地地图，以及参阅文献，确定张謇

所访问、参观、居住过的地点，在 2007 年的名称和具体地址，为确定本文作者实地走访地点和日程安排提供依据。②对其所访问与接触过的人物，首先确定其日文姓名，然后进行分析，梳理出比较有影响的，即比较有可能查找到文献记载的、对张謇思想发展影响比较大的人物，作为进一步文献调研的依据。

第二，到北京收集文献资料，主要是关于张謇在南通建设的文字、图片等资料。然后在南通进行实地调研，收集实物（拍照）、文献，以及实地考察的感受，分析整理可能受到访日影响之处，列出条目，与日本文献比较使用。分析附录 1 和表 0–2 的信息，提出具体的重访计划，包括需要访问哪些城市；城市的具体地点；需要在哪些部门、收集关于哪些地方、单位和个人的资料等。

访问城市停留时间比较 **表 0–2**

时间（天）	城市	主要走访场所								
		教育	工业	农业	居住	商业	交通	市政	慈善	风景
22	**大阪**	■	■		■	■	■	■		■
15	**东京**	■	■			■				■
6	**札幌**	■	■	■	■	■	■	■		■
3	函馆						■			
2	**京都**	■	■		■	■	■	■	■	■
2	名古屋	■								
2	横滨	■								
2	静冈			■						
2	仓敷			■						
2	**长崎**	■				■	■	■		
1	**小樽**	■	■				■	■		
1	**姬路**			■						
1	**神户**	■						■		■
1	青森						■			
1	马关						■			

备注：■访问；□未访问；■作者重访城市

第三，重访张謇所至城市、地点、当地博物馆、资料馆、图书馆等，收集关于他所访问地点和人物的图片和文字资料。对所收集资料作初步整理和分析。

第四，针对日本重访中发现的问题，和可能的对比对象，进行补充调研。

最后，对比重访日本城市调研所得资料与南通近代建设实际项目，以及张謇思想发展（1903 年前后），提出其有可能受到访日启发的条目，进行综合研究。最终在以下方面提出结论：

①张謇主要学习了日本的哪些经验、回南通后是如何应用的、实践效果如何？

②张謇对访日所得的学习和应用，对我们学习外来经验的启发。③作者对所收集的日本城市近代资料，以及考察日本城市现状之后的分析与研究。

3. 张謇访日概况

附录 1 按照时间顺序，将张謇访问日本的主要行程列出来，可以清楚地查到他每一天在哪个城市[①]、去了什么地方、这个地方在 2007 年时叫什么名字（或在现在城市的地址）、见了什么人、主要考察了什么方面的事情（或与人探讨了什么方面的问题），等等。对张謇影响较大的城市、设施和人士有以下这些：

（1）张謇所见的日本城市及设施

从附录 1、表 0–2 中可以看出，在时间分布上，张謇在大阪考察的日子最多，东京次之。另外一个停留时间较长的城市是札幌。在向西方学习和城市近代化发展方面，长崎和京都[②]给张謇很大启示。因此，作者确定拟访问的城市包括长崎、神户、姬路、大阪、京都、名古屋、东京、札幌、小樽等。行程安排与张謇 1903 年前往日本的缘由——参观大阪第五次内国劝业博览会——是相符的。另外一个原因是，在 1903 年，东京和大阪是日本国内工商业、文化教育等方面最发达的城市。张謇对札幌情有独钟的原因有两个：第一，札幌是一个从无到有、仅仅花费了 20 年的时间，便迅速发展成的一个新兴的工商业城市，张謇希望他所领导的南通，也能够有如此迅速的成长，因此，对其进行了详细考察。第二，札幌与南通有很多相近的地方，比如，规模不大，并非有悠久历史的大城市；在城市的外围有广阔的农场、沿海，等等[③]。停留了 2~3 天的城市中，长崎是张謇第一个到访的日本城市，而且是江户幕府锁国时期日本兰学[④]盛

① 附表中，有些城市（如马关、室兰等）只是途经，没有具体地访问，就没有列出来。有的日子、事件比较简单（如 6 月 22~24 日主要治疗牙齿和与森村说挖井的事情），与访问考察关系不大，就合并列出。另外，有些地方（如福冈）名称虽然与现在的城市一样，但是在当时只是小村落，就没有统计到“访问的城市”里面，因此，本文认为走访了大约十几个城市，而有的文献认为是二十多个，差别在此。按照在每个城市逗留时间长短排序，大阪 22 天，东京 15 天，札幌 6 天，函馆 3 天（函馆往返历经 3 日，但是主要是途经，实际考察只有一天），京都、名古屋、横滨、静冈、仓敷均 2 天，小樽、姬路、神户、青森、马关均 1 天，合计 61 天。还有一些零散日程难以计数，合计 5 天。加上来回航行时间各 2 天，从 5 月 23 日出发至 7 月 29 日返回上海，总计 70 天。

② 在张謇的《癸卯东游日记》中，记作“西京”，是当时人对京都的称呼。

③ 指出相同之处是都划定了墓地、市场道路都宽平。不同之处有“田不尽方，河渠因势为曲折”。不同之处影响最大的有，“北海道故有大林，而我垦牧公司地址荒滩；北海道无堤，而我之垦牧公司地非堤不可。”（全集，1994，第六卷：484）

④ 兰学指的是在江户时代经荷兰人传入日本的学术、文化、技术的总称，字面意思为荷兰学术（Dutch learning），引申可解释为西洋学术（简称洋学，Western learning）。兰学是一种透过与出岛的荷兰人交流而由日本人发展而成的学问。兰学让日本人在江户幕府锁国政策时期（1641~1853 年）得以了解西方的科技与医学等。经由兰学，日本得以学习欧洲当时在科学革命中所达致的成果，奠下日本早期的科学根基。这也有助于解释日本自 1854 年开国后，能够迅速并能成功地推行近代化的原因（http://baike.baidu.com/view/1034060.htm）。

行的地方，是日本最初接触西方学术、文化与技术的城市。对于希望借鉴日本是如何学习西方先进思想和技术的张謇来说，长崎是很重要的一站，在这里他重点考察了私立鹤鸣女子学校、伊良林寻常小学校等，日记中对学校的教学安排、教室等情况记述详尽。

京都虽然不是张謇此行的重点，但是他在京都的收获却并不少。首先，参观了琵琶湖疏水事业，这是京都近代三大事业之一，对于京都市城市近代化发展有非常重要的作用。其次，参观了染织学校、帝国大学、岛津制作所。最后，参观了盲哑院，启发了张謇后来在南通的慈善事业。

在名古屋，张謇参观了商业学校。在静冈，参观了商业学校和造纸厂。在横滨访问了中国留学生所在的弘文书院及成城学校。去小樽参观了筑港、水产试验场、防波堤和小学校。在姬路，访问了改良盐釜的设计与铸造者。在仓敷，参观了盐田、盐业调查所。

整个访问过程有两个重要的特点值得注意，首先是计划得当，张謇定的参观顺序是："先幼稚园，次寻常高等小学，次中学，次高等，徐及工厂"（日记）。可见，参观教育设施是主要的，而且越是基础教育越重视，这与南通当时的初级发展阶段有关。并且，几乎在每一个路过的地方，除了预定的访问地点外，遇到学校，都会进去参观、访问。另外，都有当地日本人引导参观，提高效率，并且能够获得比较翔实的介绍。

（2）张謇访问的主要人士

在张謇访问日本的过程中得到了日本各界的热情接待、认真解答，并介绍他到各个部门去参观。这反映在张謇日记中，也反映在日本报纸的报道中，如大阪《朝日新闻》[①]和札幌《北海タイムス》[②]（图 0-4、图 0-5）。

张謇在大阪的参观，主要由西村时彦（1865~1924 年）[③]及其所引介的小池信美（曾在上海 5 年）、藤泽元造（1874~1924 年）带领。在参观过程中结识的重要人物包括大阪朝日新闻社长村山津田、上野理一，造币局长长谷川为治，大阪高等工业学校校长安永义章，大阪高等商业学校校长福井彦次郎，汉学家藤泽南岳（泊园书院第二代院主，1842~1920 年）及其子藤泽元造（1874~1924 年）。[④]在京都的访问由岛津制作所的岛津源吉引导。

在东京，张謇访问了教育家嘉纳治五郎、竹添进一郎、长冈护美子爵、东京高等工业学校校长手岛精一，向枢密顾问官田中不二磨请教创办教育的事情。在札幌，访问了札幌农学校校长佐藤昌介，并由南鹰次郎教授引导参观。访问了前田利为的牧场。在仓敷，参观了野崎武吉郎的盐田。

---

① 大阪《朝日新闻》1903 年 5 月 31 日、6 月 2 日、6 月 4 日和 6 月 11 日对张謇的来访进行了报道。

② 札幌《北海タイムス》在 1903 年 7 月 7 日、7 月 9 日、7 月 10 日对张謇的访问进行了报道。

③ 作家、大阪朝日新闻社撰稿人，后因在怀德堂重建活动中有很大贡献而闻名。

④ 汉学家，泊园书院三代，众议员，大阪府立高等医学校教授，1898 年和 1901 年两次留学中国。

●張謇氏の視察　一昨日午前大阪府立農學校に抵り校長井原百介氏に面會して同校學事實習の方法等より目下張氏が實視しつゝある通州に於ける開墾事業の參考に資する爲殊に指導を得たしとの來意を通じたるに同校長は最も懇切に種々の質問に答へたる後同校創設以來の諸般年度統計表に基き經費成績卒業後に於ける生徒の業務等につき精細なる說明をなし夫より試作場、種苗、生徒擔當試作地及び獸醫科實習場、校舍、寄宿舍、動植物標本農具標本の各室等參觀したる後談偶寄宿舍の事に移り食事品種分量等の少きは淸國學生の堪へ得べからざる所なり杯語りて不審を抱けるより校長の注意にて生徒同樣の午食を饗せり夫れより同校長が懇切なる指導を謝し午後一時半引取りたり尚同日午後三時より天津新聞主筆方藥雨及び楊以莊兩氏を伴ひ商船會社金島氏の案內にて同社ランチに搭乘し築港及び大阪鐵工所を觀覽したり又昨日午前は小山健三氏を住宅に訪問せしが其要は我國敎育上に於ける沿革殊に二十年前の程度及び小規模銀行の組織制度等につき精細なる說明を請ひしにて一々綿密なる解說を得て引取りたり

图 0–4　对张謇访问大阪的报道

（资料来源：大阪《朝日新闻》，1903 年 6 月 11 日）

●淸國人の本道視察　淸國江蘇通州人字季直、大生紡績社長通海墾牧社長通州民立師範學校長の肩書を有する張謇、江蘇吳縣人字季[illegible]及東京農科大學留學生路孝植の三氏は一昨夜來札昨朝札幌農學校南博士の案內にて道廳長官代理大塚事務官を訪問し午後は農工課佐藤技手の案內にて農學校附屬農園及農事試驗場製麻會社製粉會社等の視察を爲したるが本日は眞駒內種畜場並前田農場を巡回し明日は小樽鰊場高島水產試驗場朝里單級小學校の實況を觀察すと云ふ

图 0–5　对张謇访问北海道的报道

（资料来源：札幌《北海タイムス》，1903 年 7 月 7 日）

这些人物都是当时日本新闻、教育、科技、政治、农牧、盐冶等各界的名流，所谓“谈笑有鸿儒，往来无白丁”。跟他们的交往，第一，能够接触到日本各界最先进、最权威的思想和科技动态；第二，能够方便地出入想参观的单位；第三，能够拿到最新的资料，如文部省的教科书等。

（3）访日所受影响

通过比较张謇访日前后在南通建设的工作和思想转变，可以看到，访日对张謇在南通的城市建设有直接的影响，并对其城市规划思想的形成与发展有极大的促进作用。

1）对南通近代城市建设的影响

通过对比《癸卯东游日记》内容与张謇回通后的工作，可以认为访日对张謇在南通的建设有以下直接影响。

• 县教育系统

张謇访日的主要目的之一在于参考日本的学校。在他的日记中，对所到访的每个学校都记录得非常详细，对学校建筑、学校的组织与管理、教学过程、学生学习和精神状态等作全面考察。并且把重点放在能够在南通直接借鉴的单级小学、较为低级的学校等。回南通之后，他在南通城以及整个县域内进行了全面的小、中学教育系统规划（全集，第四卷：59），有三个特点：第一，充分注意教室的采光、通风等满足学习需要。第二，在全县学校规划中，向日本划分学区的方法学习，使用测绘图，根据学生上学步行距离来确定学校选址。[①]第三，他开办了职工徒弟学校，这都与他在日本参观的经历有关（于海漪，2005：62，80–81）。

① 根据《二十年来之南通》记载，到 1922 年，南通根据此规划已逐步建成国民学校 334 所，高小学校 50 余所。

• 近代慈善事业

慈善事业在中国传统上就有，一般地方士绅都会捐一定的钱来做。但是张謇在南通所设立的近代慈善机构，除了养老院、新育婴堂、义茔之外，还有济良所（1914 年）、残废院（1916 年）、栖流所（1916 年），以及殊教育学校，如聋哑学校师范科（1915 年）、狼山盲哑学校（1916 年）等，他的慈善体系中注入了近代教育的观念，使得“无用之人，犹养且教之使有用”，这些观念与他在日本访问时候的所见及所悟有密切关系（全集，第六卷：498）。

• 测绘舆图

南通的测绘事业，起源于张謇访日之后，聘请了日本教师在通州师范设测绘科（1906 年），1907 年 12 月第一批毕业生 43 人，1908 年开始测绘南通县全境图。测绘所得舆图运用在划分地方自治选区、规划学区和县教育系统、规划县道系统等近代市政规划方面（于海漪，2005：90–91）。

• 城市和区域基础设施系统建设

访日归来，张謇在南通城与通海地区进行了一系列系统的规划建设，首先，建设了整个通海地区的道路交通系统，包括南通城与县道系统规划与建设（1905、1910、1913、1916~1917、1921 年）、水运系统（1903~1906 年）、通海地区各垦牧公司及区域交通系统（1919~1920 年）。其次是通州县城城市基础设施建设（博物苑，1905 年；图书馆，1910 年；更俗剧场，1919 年；桃坞路城市规划，1922 年；公共厕所、警亭、路灯等建设）等（于海漪，2005：90，101）。

• 银行建设

张謇在《癸卯东游日记》中记载了去大阪三十四银行参观的情形，以及自己参照其法在南通组建银行的考虑。1920 年张謇筹措已久的淮海实业银行开业，由其子张孝若领导。

2）对张謇城市规划思想的影响

张謇城市规划思想的主要特点之一是来自实践。因此，受访日影响他在南通及其区域内的规划建设实践，以及日本政治、经济、文化发展的现状，对张謇城市规划思想的影响主要表现在以下几个方面：①地方自治思想；②全面的社会系统规划；③“测绘—规划—实施”的规划方法等。

• 地方自治思想

张謇创办实业之前，就曾为通海地方办理过“议捐”、渔团、桑蚕等事务。逐步形成初期的“村落主义”思想体系。1903 年访日归来之后，他接受了日本地方自治的新思想，对自己的思想进行了修改，以“地方自治”的名义统一起来，并强调其政治性质。“以地方自治为立宪之根本，城镇乡又为自治之初基”（张謇，1907 年）。而这正是张謇重视城市和区域规划的根本原因，他是把城市规划和建设看做地方自治大系统中的一个环节来考虑的，并非就规划论规划。地方自治则是张謇一切实业和事业的根本指导思想：“窃謇抱村落主义、经营地方自治，如实业、教育、水利、交通、慈善、公益诸端”（全集，第四卷：457）。

• 社会系统规划思想

“而近二十余年之间，南通地方自治之事，若实业，若教育、慈善，若水利、堤防、道路，仍兴辈起，日月嗣续而未有已”（全集，第四卷：460）。这说明南通地方自治事业的发展是自实业开始，逐步扩展到教育、慈善，水利、堤防、道路等各个方面，是全面的系统工程。这个系统工程包括地方自治政治体系、文化教育体系和城市与区域基础设施体系，都与其在日本的访问有直接或间接的关系。

• “测绘—规划—实施”的规划方法

“测绘—规划—实施”的规划方法是张謇在城市与区域规划中的核心思想之一。其中，测绘舆图的想法在1903年访日之前便已经提出，但是访日之后，他聘请日籍教师开设测绘科，这个设想才真正得以实现。所得测绘图运用在划分自治区域、划分学区和城市与区域规划等事业。“测绘—规划—实施”的规划方法也在实践中不断摸索、完善。

3）小结

张謇在1903年对日本的访问，主要考察的城市包括大阪、东京、札幌与长崎、京都等10余个，参观各种事业约65处，访问与结识了大量日本政治、经济、教育、实业、新闻各界的知名人士，接触并了解了日本国内的政治形态、科学技术状况、文化教育和实业发展情况。张謇对所见所闻有详尽的记录，并在回国之后整理发表。同时，他把访日的收获，及时地反映在回到南通之后的工作之中。在城市建设方面有直接的表现，包括：①县教育系统；②近代慈善事业；③测绘舆图；④城市和区域基础设施系统建设；⑤银行建设等方面。对张謇城市规划思想也有直接或间接的影响，反映在：①地方自治思想；②全面的社会系统规划；③“测绘—规划—实施”的规划方法等方面。

张謇城市规划思想在其形成与发展过程中，借鉴了日本的许多经验，尤其在南通城市发展之初。到了后期[①]，则更多地把学习的方向转到欧美等西方国家（张孝若，1991）。张謇与南通案例说明，在中国近代城市规划实践与理论发展过程中，向先进的日本和西方学习，对我国自身的建设发展有很大的促进作用。当然，无论对于日本还是西方国家的经验的借鉴与学习，都没有改变张謇以中国传统学术与文化为基础，构建其城市规划思想体系的实质。

4. 本书的内容及体例

（1）本书的内容

① 张謇所领导的南通近代城市建设主要经历了1895~1903年、1904~1911年、1912~1921年和1922~1926年等四个阶段（Yu & Morita，2008）。

第一编　1903 年：张謇所见的日本城市

在本书的第一部分，作者通过重访过程中所搜集到的文献资料、图片等，试图重建一个张謇在 1903 年所至的日本城市的空间意象，尽可能真实地反映张謇所见环境、了解他访问过的人物，从而把握当年张謇有可能受到哪些影响。重访与重建过程的关键依据，就是张謇访日回国后所出版的《癸卯东游日记》。

这部分内容基本以张謇访问日本城市的顺序为线索，将整个访问过程根据地域特点、对张謇影响的重要程度等，划分为四个章节：

第 1 章　长崎——日本初印象

第 2 章　关西——劝业博与实业教育

第 3 章　关东——政治与教育

第 4 章　北海道——垦牧与北大

除了第 1 章只包括长崎一个城市之外，其他几个章节均包括多个城市，每一个城市为一节。在一节内，首先介绍这个城市在近代时期的主要特点；然后分别介绍张謇所访问的主要地点、机构及其特点。在这个过程中，伴随着对日记中张謇自己记录的所见、所闻和所感，结合张謇日后在南通及通海地区的各项实践，试图找寻他的事业中受到此次访日影响的痕迹，并进行简要评述。

第二编　2007 年：百年日本城市的浮沉

本书的第二部分是作者 2007 年沿着张謇当年走过的路线，重访日本城市及张謇访问地点、机构的过程中的所见、所闻、所感。一方面，作为张謇研究者，作者关注他当年走过的地方，也关注那些地点或城市百年来的变化。另一方面，作者试图通过这些日本城市的发展历程，揭示政治、经济、社会三种主要因素在长时期的城市发展中，交替发挥影响的痕迹与模式。最后，通过对日本社区培育活动历史，及其在当前的最新发展趋势考察的分析，作者认为这是一种在今天值得我们学习的规划实践与理论探索，其强烈的本土意识，是让它充满活力、取得丰富成效的根本原因。主要包括以下章节：

第 5 章　长崎异域风

第 6 章　京阪神崛起

第 7 章　东京繁昌记

第 8 章　依然北海道

第 9 章　结语

在本书的最后一部分，通过对日本和中国近代以来城市发展道路的分析，主要讨论两个问题：第一，通过中、日城市的历史梳理，讨论在城市发展中学习外国经验与本土化途径之间的辩证关系；第二，张謇在南通的实践，以及他对外国经验与本土探索之间关系的处理，对中国城市规划发展道路的启示。

（2）本书的体例

本书中凡涉及张謇访问日本的时间，以张謇日记原文为准，比如，访问开始日为清光绪二十九年四月二十六日（即日本明治 36 年 5 月 22 日，也即公元 1903 年 5 月 22 日），行文中，尤其在第一编中涉及较多，凡“五月初四日”等，均为中国农历。

本书中除与张謇日记无关的记载，以公元纪年为准，比如，作者访问长崎的日期，记作 2007 年 7 月 16 日等。

而日本近代日期，如西村天囚进入大阪朝日新闻的时间，记为明治 30 年（1897 年），括号中为公元纪年。由于日本明治以来，虽然以天皇年号为年份的标识，但月、日均与公元纪年同，所以，涉及月、日的时间，以阿拉伯数字标注的，均为公元纪年。

第一篇　1903 年：张謇所见的日本城市

根据《张謇日记》，张謇于清光绪二十九年四月二十六日（1903 年 5 月 22 日）登日本船博爱丸号、二十七日早 7 点起航，从上海出发至日本，开始为期 70 天的访日之旅。同行的有章亮元[①]、章孚、金永安、徐有临，其中前两位是赴日留学的友人，后两人是张謇资助赴日留学的学生；在船上邂逅、并在访日期间同行的有：蒋黼[②]、沈小沂[③]；另外，还有翻译张承训，同行者一共是 7 人。在日本各地访问期间，不仅由张謇出面，有时通过蒋黼等的关系，联系当地人员，安排访问事宜，扩大了各自参观、访问的范围。

张謇等人抵达的第一个城市是长崎，虽然在长崎仅停留 1 天，但访问了教育、商业、交通和市政等多个方面的机构，留下了对日本最初的印象。随后经过马关（现下关），即中日签订《马关条约》的地点。《马关条约》是促使张謇投笔从商的缘由，但是他的日记中对在此停留半日的记载，却只有寥寥数十字。但是他参观《马关条约》签订处春帆楼后，留下了一首诗作："是谁亟续贵和篇，遗恨长留乙未年。第一游人须记取，春帆楼上马关前。"表示了他对该条约签署的"遗恨"。

随后张謇一行访问了神户、大阪、京都、姬路等城市。其中到大阪参观劝业博是本次访问的主题，而且大阪是当时日本第二大工商业城市；京都（日记中称西京）在明治维新之前的一千多年间（794~1867 年）曾是日本的国都所在地，所以在关西停留的时间是本次访问期间最多的，主要考察劝业博和实业教育等机构。

东京在明治维新后成为日本的首都，也是近代政治、经济与文化发展最迅速的地区，这里也有张謇等人的许多日本朋友，因此停留时间较长。在东京所在的关东地区，访问了横滨等地，内容多涉及政治、文化和教育等方面。

---

① 章亮元（1876~1959 年），字永尚，号静轩，浙江宁海县海游（今三门）人。北洋浙江陆军丈量局局长。1896 年进南京陆师学堂，毕业后留校任教。1900 年，清政府派赴日本陆军士官学校炮科第三期学习，1903 年毕业，成绩名列第一，并继续留日深造。1904 年返国，由两江总督周玉山保荐任直隶州知州。他以为行军不可无图，向清政府建议设立陆军丈量局，并创办测绘学堂，绘制军用专图。历任道员、陆军部顾问、兼任河北省开平镇大操西军总顾问长，授二品衔。1912 年任南京临时政府高等顾问职务。后袁电邀北上练军，辞不受命，遂离开政界，定居杭州。后辅助张謇共营垦务，任总办。

② 蒋黼（1866~1911 年），字伯斧，苏州吴县人。清末学者，敦煌学家。曾任清学部候补郎中。是清朝学者蒋清翊之子。蒋黼曾东渡日本考察西式教育，著有《浮海日记》。复旦大学图书馆于 20 世纪 80 年代初与北京中国书店进行复本交换时，得到蒋黼《浮海日记》红、绿格毛装抄本一册。此书蒋氏自刻本改称《东游日记》，存世无多，各种书目多未著录。

③ 沈小沂，名士孙，《五洲时事汇报》主编。张謇的同年沈再宜的弟弟。

北海道地区是本次访问的另一个重点，访问了札幌、函馆、小樽、青森等地，主要考察农垦和城市建设。对其他城市如名古屋、静冈、仓敷等的访问情况，根据行程安排，合并到关西和关东地区内一并叙述。

张謇在访问中注重方法，事先准备充分、有计划、有条理，讲求实际。他与蒋黼商定的考察次序是："先幼稚园，次寻常、高等小学，次中学，次高等，徐及工厂"；访日调查的原则是"学校形式不请观大者，请观小者；教科书不请观新者，请观旧者；学风不请询都城者，请询市町村者；经验不请询已完全时者，请询未完全时者；经济不请询政府及地方官优给补助者，请询地方人民拮据自立者"（日记）。这些都反映出他注重从国内的实际情况出发，学习国外先进事物时考虑自身的条件和消化能力。张謇在事业之初愿意向日本学习，正是因为欧美与中国的现实基础相距甚远；而在事业有成后则转而学习欧美。此次访问途中，在大阪旅社休息时，张謇听到两个中国留学生关于应该向日本学习、还是应该直接向美国学习的讨论，他最终没有给出定论，说两种说法都值得思考，记录这段对话，实际上也是表达了他自己心中也在反复思考这个问题。但是从张謇所定参观次序来看，在当时还是倾向于首先向发展程度与中国接近的日本学习的。

本章以张謇的《癸卯东游日记》的记载为线索，通过梳理重访过程中所搜集的资料，试图重建张謇所见到的日本城市的空间意象，使读者了解他到底看到些什么，结合日记中的思考，理解张謇后来回到南通后的各种建设中所借鉴的日本经验。

第1章　长崎——日本初印象

长崎在日本近代史上具有特别的地位。17世纪初，为防止天主教对日本的渗透，德川幕府由“禁教”发展到“锁国”。在1641年至1854年长达二百余年的锁国时期，日本的对外贸易港口仅限长崎一地，贸易对象限中国和荷兰两国（张劲松，1987）。因此，长崎成为当时日本全国唯一能够对外贸易，并接受外来文化的城市，全国希望学习西方科技和医学的青年人纷纷来到长崎学习，“兰学”应运而生，出现了志筑忠雄、马场佐十郎等一批兰学者，并吸引了后来成为名画家的司马江汉为代表的年轻人向往的游学之地。1838年绪方洪庵创办了兰学学校“适塾”，培养了福泽渝吉、大岛圭介等著名的学生，后来成为推动日本现代化的关键人物（江越弘人，2007）。随着中国人来到长崎的不仅有物资交流、佛教传播、佛寺兴建，也带来了中国的石拱桥技术，中岛川上的眼镜桥是日本国内第一个石拱桥，其建造技术也由此传向九州各地（飞鸟，原田，1978）。

与中、荷的交流在长崎的城市风貌中也有所体现。首先是1636年开始建设出岛（图1–1），这是一个面积约1.5万平方米、呈扇形平面的人工岛屿。1641年成为荷兰商馆的所在地。出岛是锁国期间日本唯一与西方交流的窗口，由此使得长崎在日本近代化过程中具有重要地位。其次，1689年为限制日趋扩大的中国贸易，建设了唐人屋敷（唐人是当时日本人对中国人的称呼；图1–2）对中国贸易进行集中管理。这是一个8015坪①（后来扩张到9373坪）的院落，有土地庙、妈祖庙、关帝庙等庙宇，容纳了居住、仓储用地。人员方面除了从事商业贸易的人员外，还有僧侣、文人等。通过人员的往来，荷兰与中国的风俗习惯和文化也随之传入。第三，1854年《日英和亲条约》的缔结，标志着日本开国。1858年日美修交通条约及与各国条约相继缔结之后，在开港城市设立“居留地”，允许外国传教士传教。在长崎，以大浦天主堂为中心的大浦地区成为外国人居留地。

图1–3表明当时出岛、新地、唐人屋敷之间的空间关系，以及长崎港繁忙的景象。三代广重在他的《府县名所图会》（图1–4）中，抓住了长崎城市风景中充满异域风情的典型要素：荷兰人、唐人、教堂、中国庙宇、外国旗幡、山、海港、航船等。图1–5描绘了明治时期的长崎城市风貌。图1–6是明治30年（1897年）的长崎地图，基本反映了张謇1903年访问长崎时，长崎港、三菱造船厂、向岛、新地、唐人屋敷、大浦外国人居留地等城市布局的情况。

---

① 坪，为日本面积单位，1坪≈3.3平方米。

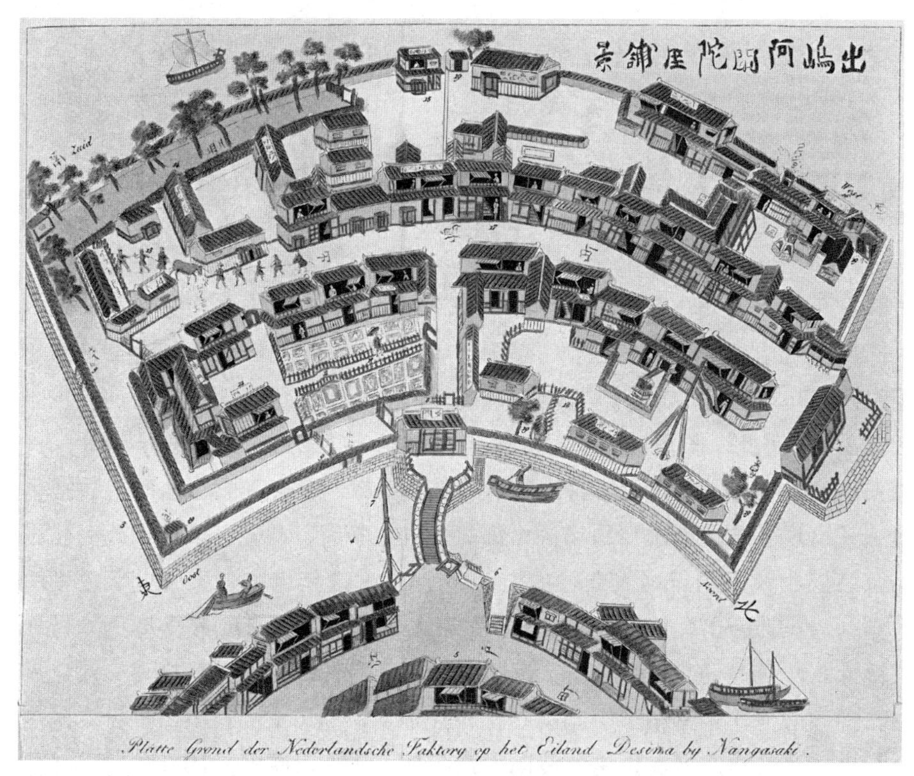

图 1–1　出岛

（资料来源：维基共享资源，http://zh.wikipedia.org/wiki/File:Plattegrond_van_Deshima.jpg
http://zh.wikipedia.org/wiki/File:Tojin–yashiki.jpg）

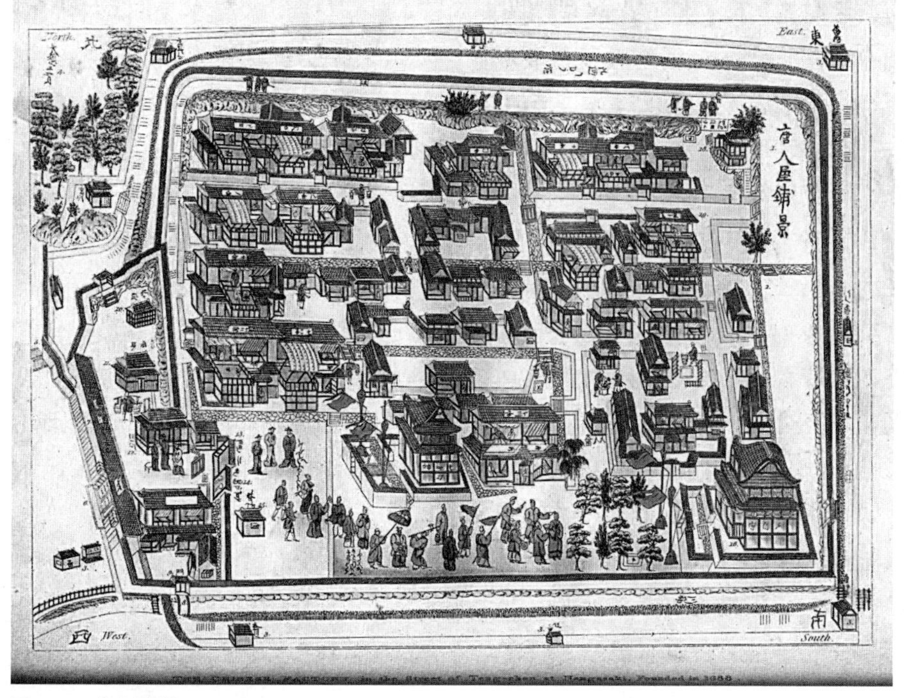

图 1–2　唐人屋敷

（资料来源：维基共享资源，http://zh.wikipedia.org/wiki/File:Plattegrond_van_Deshima.jpg
http://zh.wikipedia.org/wiki/File:Tojin–yashiki.jpg）

图 1–3　出岛、新地、唐人屋敷与长崎港

（资料来源：川原庆贺 . 长崎港图 . 神户市立博物馆藏，见原田博二 . 长崎 [M]. 东京：岩波书店，2006：67）

图 1–4　长崎风景（1880 年）

（资料来源：九州 [M]// 飞鸟井雅道，原田伴彦编 . 明治大正图志 . 第 15 卷 . 东京：筑摩书房，1978）

图 1–5　明治时期的长崎写真

（资料来源：九州 [M]// 飞鸟井雅道，原田伴彦编 . 明治大正图志 . 第 15 卷 . 东京：筑摩书房，1978）

随着日本开国，长崎不再是唯一能够学到西方科学技术的城市，它在日本城市中的地位也渐渐走向平淡，而西方在长崎的影响日渐加大。受中日战争的影响，中国在长崎的贸易、居留的中国人口都有大幅减少。因此，张謇到来之时，长崎随处可见洋风建筑。

四月二十九日，张謇在长崎只停留了一天，但收获不小，并留下了对日本最初的印象：善于向先进的各国学习所长。长崎是张謇访日的第一站，又是曾经引领日本学习西方科学技术 200 余年的城市，同时与中国渊源颇深，因此，在长崎可以看到西方与中国双方所留下的痕迹。张謇希望从日本开始学习的原因，正是它吸纳了儒家文化之后，又能兼容西方先进技术的能力，在这一点上，较之直接向西方各国学习，又多一重借鉴的方法。

在长崎，张謇等人参观了东明山寺，即兴福寺，详细考察了设于其内的私立鹤鸣女子学校，参观了教学过程，对其学生的精神状态评价较高。在日记中，张謇记载学生“见客略一定瞬，习业如故”（日记），说明平时训练有素。

一行人随后来到刚建成楼房新校舍的伊良林寻常小学校。该校组建于 1902 年 8 月，校舍与当时的长崎商业学校为邻。创设之初只招收男生，张謇来访当时有 500 余名学生。1905 年开始招收女生。校长一濑秀太郎接待了他们，并在《学校沿革志》中记载了张謇等人的来访。张謇考察了其学校用地、建造费、年度预算、教员薪资、学生费用等基本情况，以及教室的光线、空气、设施等学生学习环境状况，甚至生活细节等。从日记中看，张謇在访问中一方面注重了解日本学校的运营方法，另一方面注意与自己所创办学校的运作进行比较，所思所得均在日后的办学过程中有所体现。

张謇注意到日本学校的办学条件也并不高，比如“校长见客处一人供茗盏，余无役人”。另外，“余向谓中国兴学之难，在学生食宿费多，仍由于学校少，而从学者多去其乡也，观此益有徵”，重视学生的日常学习和生活中所体现出的意志品质。

在日程满满的一天访问结束后，登上前往神户的航船，经过濑户内海时，“所见岛屿，星罗棋布，斜日掩映林木间，浓苍蒨翠，下澈波底”，张謇对日本人有了一个初步的印象，也是他在之后的访问中一再加深了解后，对日本人做事的认识：“日人治国若治圃，又若点缀盆供，寸石点苔，皆有布置。老子言治大国若烹小鲜，日人知烹小鲜之精意矣”（日记）。

回顾张謇等人在长崎的访问，首先，他们在长崎主要参观了两所小学，详细考察了学校的运营和学生的学习、生活状况。对比其在南通所办教育的状况，引发了他的思考，是一种直接的、可借鉴的经验。其次，由于长崎本身在日本锁国期间所扮演的对外交流角色，以及日本开国后向西方学习，在城市中留下了浓重的近代西方城市的痕迹（图 1-7~ 图 1-11）。这些给张謇留下了他对日本最初的印象，对他后来在南通的城市建设有很大影响。比如南通后来修建的建筑多是西方式样的，老城区也建设了钟塔，等等。最后，以长崎为起点，张謇在整个访日行程中看到最多的，是这些城市的建设与发展过程所反映出的日本各界善于向先进国家学习的态度和消化吸收的能力，这也正是张謇访日的目的所在。

图 1–6　1897 年的长崎地图

（资料来源：内务省地理局他作成，地图资料编纂会编 . 明治・大正日本都市地图集成 [C]. 东京：柏书房，1986）

图 1–7　伊良林小学校（1902 年）

（资料来源：九州 [M]// 飞鸟井雅道，原田伴彦编 . 明治大正图志 . 第 15 卷 . 东京：筑摩书房，1978）

图 1–8　鹤鸣女学校的大运动会（1904 年）

（资料来源：九州 [M]// 飞鸟井雅道，原田伴彦编 . 明治大正图志 . 第 15 卷 . 东京：筑摩书房，1978）

图 1–9　长崎商工会议所（1879 年）

（资料来源：九州 [M]// 飞鸟井雅道，原田伴彦编 . 明治大正图志 . 第 15 卷 . 东京：筑摩书房，1978）

图 1–10　海岸路的洋馆

（资料来源：九州 [M]// 飞鸟井雅道，原田伴彦编 . 明治大正图志 . 第 15 卷 . 东京：筑摩书房，1978）

图 1–11　时计塔

（资料来源：越中哲也，白石和男编 . 写真集明治大正昭和长崎 [M]. 东京 : 国书刊行会，1979 : 17）

第 2 章　关西——劝业博与实业教育

2.1　神户

五月一日，张謇在神户只停留了一天。首先访问了两处中国商人的店铺，会见了两位店主孙实甫、李光泰，以及甬商（宁波籍商人）吴锦堂、前江西某知县陈祥燕等。自登上日本国土之后，张謇一行的访问总是安排紧凑、观察仔细、注重数据、记录详尽。

会见华商之后，张謇与蒋黼到凑川楠公神社参观了那里的水族馆。详细考察了其养殖设备、展览布置、水族品种等，为日后办类似展示作准备。水族馆是向公众介绍海洋与河川中活的生物的科学特性，普及科学知识的场所。为了更好地人工养殖和展示这些水中生物，所使用的建筑形式是新型的，以玻璃为主。张謇非常重视学校教育，也非常重视公众教育，参观水族馆，是为了考察运用新式科学技术、向大众传播现代知识的设施。这与他重视图书馆、博物院、公园等公共设施建设的思想是一脉相承的。

图 2–1 左图是三代广重绘画中的楠公神社，即张謇等人所参观的水族馆所在地；中图是 1903 年张謇到访时神户水族馆的宣传广告；右图是 1902 年介绍水族馆的绘画。从绘画中可以看到，当时的神户是日、中、西方人混杂的开放城市。这些图片展示了张謇 1903 年所见到的神户市的情况。

神户于 1868 年开港，图 2–2 和图 2–3 表示 1868 年神户开港时神户地图与外国人居留地（即租界）的规划图（占地约 26 公顷，由英国人土木技师 J.W.

图 2–1　三代广重绘画中的楠公神社、神户水族馆广告（1903 年）和神户水族馆绘画（1902 年）

（资料来源：横滨・神户 [M]// 土方定一，坂本胜比谷 . 明治大正图志 . 第 4 卷 . 东京：筑摩书房，1978：109）

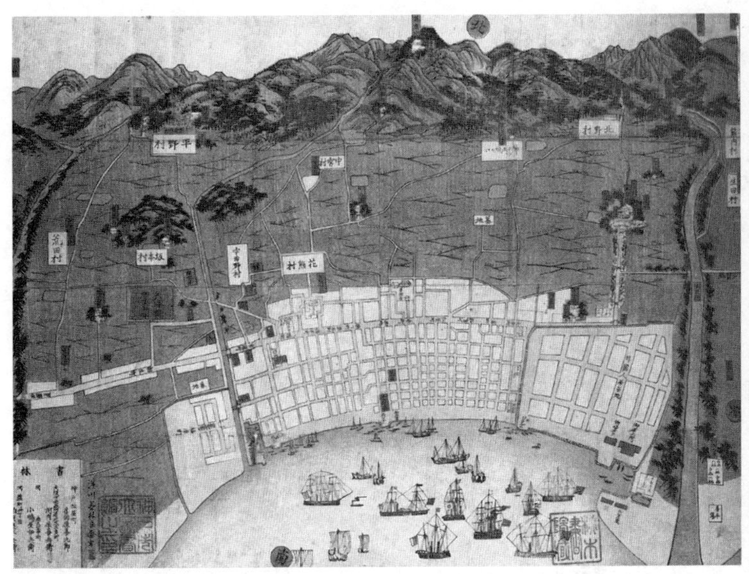

图 2–2　开港当时的神户（1868 年）

（资料来源：横滨·神户 [M]// 土方定一，坂本胜比谷 . 明治大正图志 . 第 4 卷 . 东京：筑摩书房，1978：109）

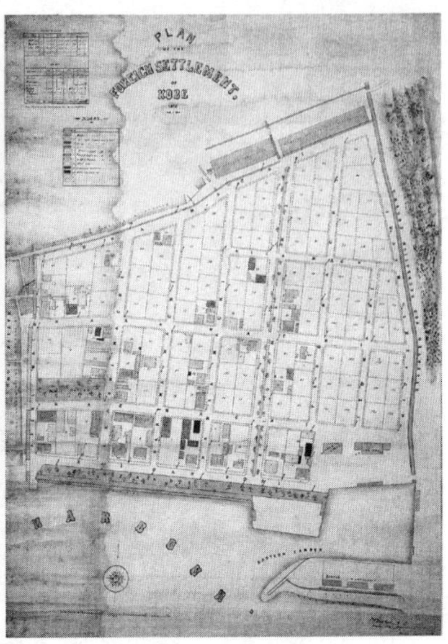

图 2–3　神户外国人居留地图（1870 年）

（资料来源：神户市 . 写真集 神户 100 年 [Z]. 神户，1989：14）

图 2–4　开港时期繁荣的神户居留地

（资料来源：横滨 · 神户 [M]// 土方定一，坂本胜比谷 . 明治大正图志 . 第 4 卷 . 东京：筑摩书房，1978：106）

Hart 设计）。外国人居留地的设计，以近代城市规划技术为基础，主要使用方格网道路系统，设置了行道树、公园、街灯、下水道等近代城市公用设施，总共划分为 126 个区。整备完成后，向外国人和外国商馆发售使用。该规划被当时的英语报纸“*The Far East*”称赞为“东洋租界中最优秀的设计，拥有最美丽的街道”。

图 2–4~ 图 2–7 展示了张謇访问神户时的城市景观。图 2–4 是由大阪的浮世绘画家长谷川小信所绘“摄州神户新建西洋馆市街赈之图”，表现了神户居留地的洋风建筑和各国居民热闹生活的街景，反映了繁荣的经济状况。图 2–5 是由英国记者 C.B.Bernard 所绘神户街景，左图为三宫神社附近，右图是从鲤川筋

图 2–5　神户街景水彩画（明治 11 年）

（资料来源：神户市 . 写真集 神户 100 年 [Z]. 神户，1989：15–16）

图 2–6　神户居留地（明治中期）

（资料来源：神户市 . 写真集 神户 100 年 [Z]. 神户，1989：15–16）

图 2–7　神户海岸街（明治中期）

（资料来源：神户市 . 写真集 神户 100 年 [Z]. 神户，1989：15–16）

向港口望去的景象，可以看到旅馆、公园、人力车等。图 2–6、图 2–7 是明治中期神户居留地的照片。

2.2　大阪

大阪是张謇一行本次访日考察的重点城市：首先，张謇访日的缘由就是应邀到大阪参观劝业博；其次，当时大阪是日本第二大城市，张謇所急需学习的工业、商业、教育、文化等方面均处于日本较高水平。因此，往返过程中，张謇在大阪总共逗留了 22 日，除主要参观劝业博外，还访问了大阪府、三十四银行、大阪朝日新闻社、幼儿园至大学等教育设施、工厂、港口等机构（图 2–8）。另外，在大阪会见了西村天囚等旧识，也在参观过程中，由他们介绍认识了一些新朋友，如大阪朝日新闻社的小池信美、汉学家藤泽南岳及其子藤泽元造、高等商业学校校长福井彦次郎等，在往来交谈中了解了日本政治、经济、文化等方面的发展。同时，新结识的这些朋友也在其之后的访问中担当了陪同访问和引介人的角色，使张謇等人能够更深入地接触和了解日本各界。

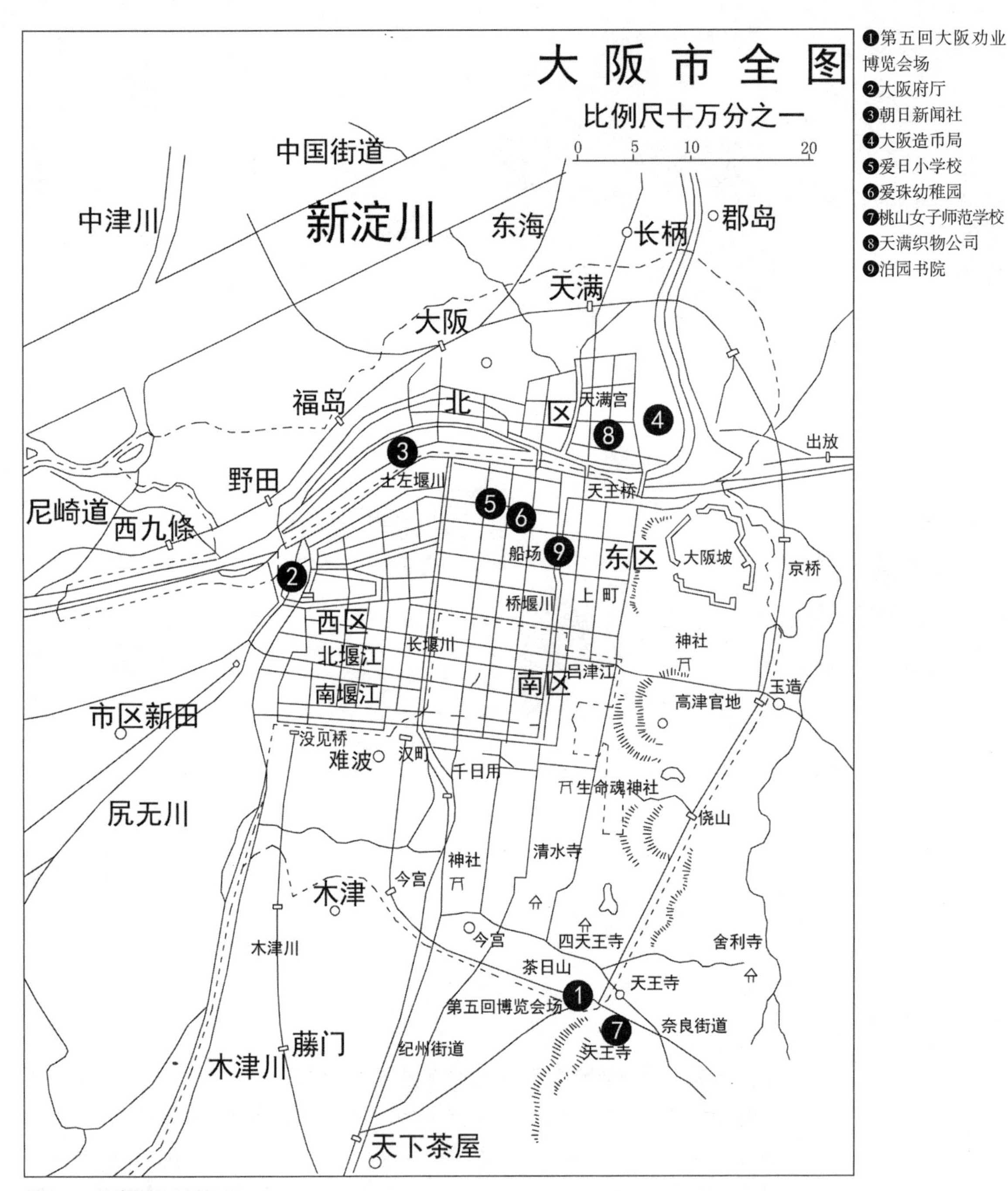

图 2-8　张謇访问大阪场所

（资料来源：富山房编辑部编 . 袖珍日本新地图 [M]. 东京：富山房，1909. http://kindai.ndl.go.jp/info:ndljp/pid/900293）

2.2.1 劝业博

日本国内举办博览会的历史，始于明治 10 年（1877 年）的第一回东京博览会，之后分别于 1881 年、1890 年在东京、1895 年在京都举办了第二至第四回博览会，达到了促进国内产业发展和对外输出的目的。第五回的举办权在东京和大阪之间经过激烈竞争，最终由大阪争得（表 2-1）。明治 36 年（1903 年）3 月 1 日至 7 月底在大阪举行了日本第五回内国劝业博览会，其第一会场位于堺天王寺公园至新世界地区，共 34.3 万平方米（图 2-9、图 2-10）；第二会场是新设的水族馆，位于堺的大浜（图 2-11）。本次劝业博约有展品 27.7 万件、入场人数 530 万，并且邀请来自英、美、法、加，包括中国等 13 个国家携展品参加，均创下历次博览会的新纪录，被称为“明治的万博”。此次劝业博对后来大阪的发展有极大的推动作用（冈本，守屋，1978：78）。

1877~1903 年日本五回内国劝业博览会一览表　　表 2-1

	第一回	第二回	第三回	第四回	第五回
时　间	1877 年 8 月 21 日至 11 月 30 日	1881 年 3 月 1 日至 6 月 30 日	1890 年 4 月 1 日至 7 月 31 日	1985 年 4 月 1 日至 7 月 31 日	1903 年 3 月 1 日至 7 月 31 日
地　点	东 京	东 京	东 京	京 都	大 阪
主　办	日本政府	日本政府	日本政府	日本政府	日本政府
会　场	上野公园	上野公园	上野公园	京都市冈崎公园	天王寺今宫
会场面积	约 29807 坪	约 43300 坪	约 132000 坪	约 178000 坪	约 323000 坪
入场人数	454168 人	823094 人	1023693 人	1136695 人	4350693 人
出品人数	10640 人	31239 人	77432 人	73781 人	130406 人
出品件数	84352 件	331166 件	167016 件	169098 件	276719 件
展　馆	本馆、农业馆、机械馆、园艺馆、动物馆	本馆、美术馆、农业馆、机械馆、园艺馆、动物馆、	本馆、美术馆、农业馆、动物馆、水产馆、水族馆、机械馆、参考馆、	工业馆、美术馆、农业馆、动物馆、水产馆、机械馆、	农业馆、林业馆、水产馆、工业馆、机械馆、教育馆、美术馆、动物馆、水族馆、台湾馆、参考馆

资料来源：许峰源，2006.

劝业博会场内设工业、美术、农业园艺、动物、水产、机械、林业、教育、通运、水族、台湾、参考等 12 个馆，以及加拿大馆等 20 栋展示馆。其中，台湾馆是展示殖民地台湾的器物，参考馆则请各国提供展品，期望通过对比国外的生产技术，增进日本业者的知识，促进实业发展（许峰源，2006）。展品包括汽车、照相机、打字机、冰箱等首次公开的、代表近代先进科学技术的产品。另外，利用茶臼山的水池修建的滑水道，以及高 150 尺的展望台也聚集了大量的人气。木质的展望台内设电梯，是大阪当之无愧的第一个高层建筑，由当地的大林组负

图 2-9　第五回内国劝业博览会实地俯瞰图

（资料来源：大阪冈本良一，守屋毅 . 明知大正图志 [M]. 第 11 卷，东京：筑摩书房，1978：76-81）

图 2-10　劝业博会场正门

（资料来源：大阪冈本良一，守屋毅 . 明知大正图志 [M]. 第 11 卷，东京：筑摩书房，1978：76-81）

图 2–11　堺第二会场的水族馆

（资料来源：大阪冈本良一，守屋毅．明知大正图志 [M]. 第 11 卷，东京：筑摩书房，1978：76–81）

责建设,是后来 1919 年在此地建成的“通天阁”①的先驱。图 2–12~ 图 2–15 显示了资料里记载的当时各场馆的建设情况，以及冰箱等展品、劝业博纪念品等。从中可以了解张謇访问时所见到的实际情况。

五月一日，张謇一行抵达大阪后，第二天就前往位于天王寺和今宫之间的会场，持请柬换优待券入场参观，先后 6 次访问劝业博各馆，分别参观了美术、工业、矿冶、机械、教育、卫生馆，以及农林馆、堺水族馆、水产馆、不思议馆等，以下依次叙述。

（1）在首次参观劝业博会场过程中，张謇首先对博览会的组织、规模、场馆与展品安排等有详尽的考察与记录。亲身考察大阪劝业博，对张謇日后积极参与博览会事业，有强烈而直接的影响，这在他参观的当日，恐怕就已心中有所谋划了。其次，张謇对中国参展品的选送提出异议，认为组织不当，“中国六省彼此不相侔，若六国然，杂然而来，贸然而陈列”。且展品未能反映中国最精良的产品，比如张謇本乡“通州、海门墨核难脚之棉，吕四真梁之盐，皆足与五洲名产争衡，皆不与焉”（日记）。第三，在首日参观之后，张謇认为机械、教育馆中由学生所制作的，最值得羡慕，表明他最关注教育和学生的水平，因为这是国家未

① 1919 年所建通天阁，意思是“可通于天的极高的建筑物”，为其命名的是明治初期的汉儒藤泽南岳，即张謇访问大阪期间所结识的“汉学老儒”。

图 2-12　劝业博纪念品和高塔

（资料来源：大阪冈本良一，守屋毅. 明知大正图志 [M]. 第 11 卷，东京：筑摩书房，1978：76-81）

图 2-13　会场内（右上为不思议馆）

（资料来源：大阪 // 冈本良一，守屋毅. 明知大正图志 [M]. 第 11 卷. 东京：筑摩书房，1978：76-81）

①外国参展——安德利乌斯馆

②博览会场正门

③引起当时人惊奇的冰箱

④工业馆

⑤通运馆内部

⑥通运馆

图 2-14　劝业博各展馆及展品

（资料来源：大阪 // 冈本良一，守屋毅．明知大正图志 [M]. 第 11 卷．东京：筑摩书房，1978：76-81）

来希望之所寄。同时，张謇对展品中的画作评价一般，说明他虽然是抱着学习的态度而来，却并非带着“崇洋媚外”的有色眼镜，把外国的东西一概认作“先进”。他能够客观看待先进国家中的各种事物。这种客观的学习态度，尤其值得我们学习与参照。

（2）五月四日第二次到劝业博会场，张謇一行参观了农林馆。由于张謇本人在通海地区的事业包括沿黄海的盐垦公司的开发，因此，他非常仔细地参观、记

①麒麟啤酒贩卖店

②劝业博览会场——世界变迁

③浪花踊舞台

④茶室

⑤劝业博会场内的滑水游戏

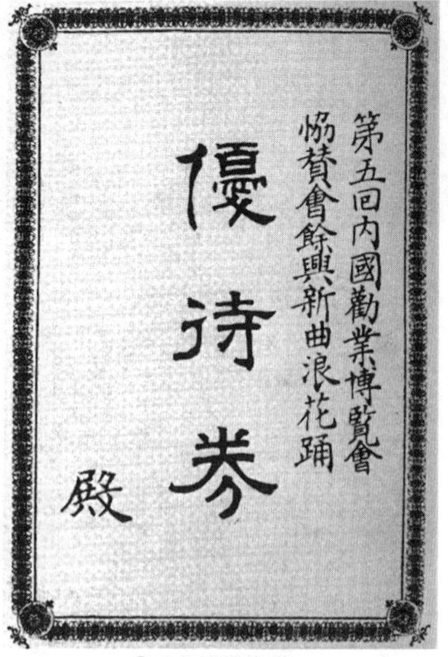

第五回内國勸業博覽會
協賛會餘興新曲浪花踊
優待券
殿

⑥劝业博优待券

图 2-15　劝业博会场及优待券

（资料来源：大阪 // 冈本良一，守屋毅 . 明知大正图志 [M]. 第 11 卷 . 东京：筑摩书房，1978：76–81）

录农林馆的展览内容，并与其通海垦牧公司的经营作了对比分析。首先，张謇比较了日、中出产的农产品的性状，指出“其赤豆、黄豆、大小麦有大倍于华产者”。这说明，他对我国出产的农产品有全面的了解和把握，前来参观是有备而来。其次，他详细地观看了开垦图，认为北海道的开垦图最详细。并与通海垦牧公司的规划图逐项进行比较，找出其异同点。比较的过程，是比照北海道的开垦建设，肯定通海垦牧建设的过程；也是基于各自不同的自然与现实条件上的客观比较。第三，北海道开垦过程中比较有名的是伊达邦成、黑田清隆，然而促使他们成功的不仅是“竭其经营之理想，劳其攘剔之精神”，还有政府给予开发者的各种优惠政策，支持他们的开垦与经营。对比自己创办垦牧公司之初所遭受的来自各方的排抑、玩弄、诽谤等艰苦情状，他不得不羡慕伊达邦成和黑田清隆[①]（图 2–16）的“福命”（日记）。

（3）五月八日午后，张謇一行参观了位于的劝业博第二会场，即水族馆。堺水族馆所展示的水生动物比神户水族馆略多。然后他们又参观了海滨公园。返回劝业博会场，参观了旁边的余兴动物园。张謇详细记录了鸟类、兽类、爬行动物、介壳类动物。在观察动物的同时，张謇还评价了它们的习性，如懒猴，与养尊处优的懒人相似。余兴动物园中饲养着以外国产为主、约 60 种珍稀动物（图 2–17）。

（4）五月十一日午后，张謇来到劝业博的机械馆参观。本届劝业博第一次

图 2–16　伊达邦成、黑田清隆

（资料来源：明知大正期北海道写真集 [Z]. 北海道大学附属图书馆，1992）

① 黑田清隆（1840~1900 年），萨摩藩士、陆军军人、政治家。1870~1872 年任北海道开拓次官、开拓长官。1888~1889 年任日本第 2 代内阁总理大臣。

图 2-17　余兴动物园饲养的动物

（资料来源：http://www.oml.city.osaka.jp/image/themes/theme1069.html）

在会场外试行夜间照明，“会场内外电灯尽张，士女阗塞衢路，履声如万竹齐裂。水帘亭以七色镜旋转，现虹霓之色……日人工商于美饰事极注意，亦其习惯也”（日记）。不仅在机械馆，在整个劝业博会场都使用了大量的电灯照明，以彰显其先进的科技水平。首先，在会场的主入口拱券上用明灭的电灯书写高 6 尺（2 米）的四方大字匾额：“第五回内国劝业博览会”，在夜间格外显眼；其次，整个主馆以电灯勾勒建筑物的轮廓；第三，大喷水塔以电光照射出红色的水烟飞散的绚丽景观；最后，就连美术馆前的大理石杨柳观音像，也用时时变色的电灯来装点。这些绮丽的夜景在一般家庭还未能普及电灯照明的明治年间，营造出谜一般的梦幻场景，发人深思（冈本，守屋，1978：79）。

（5）五月十二日午后，张謇一行再次来到劝业博会场，参观了工业馆和通运馆。在工业馆，张謇着重关注了与南通事业关系密切的针织业、制箴、织席、舂米、制面、榨油、炼糖、卷烟、火柴等，认为其针织业和制箴最好。另外，他关注的是这些小企业所需启动资金少，一旦筹得便可迅速投产，产生效益。“若得十万元，可试办一工业实习学校，十年后进步不可限量也”（日记）。一边参观、一边比较，同时就有了效法的计划，这种高效的参观、考察方法，贯穿了张謇访日行程的始终。

在通运馆，张謇对其环球航线标本和国土模型最有兴趣。但是，细心的他发现日本人在做“台湾”模型的时候，做工虽精良，但是用心却过于险恶：“台湾模型极精审，可异者，乃并我福建诸海口绘入，其志以黄色，亦与台湾同。”这是违反条约自作主张扩大了殖民地范围。

（6）五月十五日午后，张謇最后一次来到劝业博会场，参观了水产馆。除了认为“通州可参酌仿行者，唯十胜川之鱼虀”之外，主要考察比较了中日所产盐的质量以及盐业发展。首先，他认为“宫城之盐，其第一等与余东同，不逮吕四也”。说明我国自产的盐，品质优良，其实可以在世界市场中占据一席之地。但是说到制盐的方法，张謇也非常希望多了解日本、美国等的做法和工具，有先进之处便可拿来学习使用。在访日的整个行程中，多次深入制盐场或寻访制作盐釜等工具的工匠，其目的就在于此。对于使用了电气光学等技术，而产生了奇幻效果表演的“不思议馆”，则表达了不屑，言：“既曰电气光学矣，便有可思议，应曰非不可思议馆。”可见虽然一般老百姓趋之若骛，但对于掌握了科学知识的理性的人来说，过分的噱头没有用武之地。

（7）大阪劝业博对张謇回国后从事博览事业的影响：日本大阪在 1903 年所举办的这个第五次内国劝业博览会（图 2-18），无论对张謇，还是对他日后积极携通海各地优良产品参加国际博览会并屡获大奖，以及参与领导筹办我国的博览会，都提供了宝贵的经验。

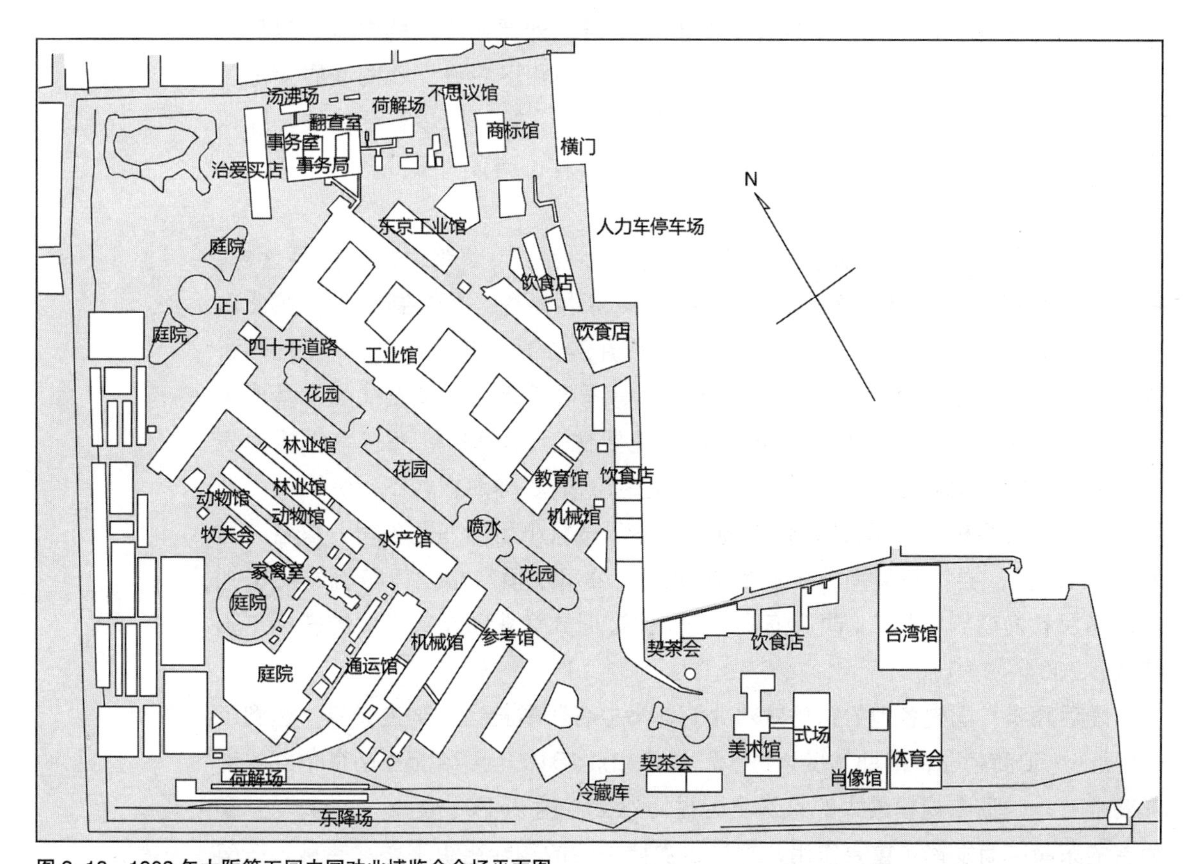

图 2-18　1903 年大阪第五回内国劝业博览会会场平面图

（资料来源：根据 1903 年大阪第五回内国劝业博览会宣传材料绘制）

张謇在 1895 年的《代鄂都条陈立国自强疏》中指出："即如日本，尤重工政。该国于通商都会遍设劝工场，聚民间所出器用百货，第其最精，此亦仿西洋之例。国家予牌以赏，俾使专其利。是以百工竞劝，制造日精，销流日广。"提出应该向日本学习，通过参加或举办博览会，促进工商实业发展，增加税收，以达到"强国"的目的。而学习的方法中，强调"多派游历人员……知己知彼，乃可谋国"（全集，第一卷：37–39）。

图 2–19　颐生酒所获奖状

（资料来源：张绪武．张謇 [M]．北京：中华工商联合出版社，2004：110，18，25，141）

1906 年清政府应邀参加意大利米兰渔业赛会，南洋大臣周馥举荐当时担任商部头等顾问官的张謇负责策划参会。张謇即根据对大阪劝业博的考察所得经验提出：第一，应成立"七省渔业公司"，由中国官方和民间合作自筹展品参会，避免以往委派洋人组织的弊端。第二，张謇提请政府注意赛会所暗含的领海主权问题，主张利用本次参会的机会，宣示中国海权。他建议绘制海图，以表明渔界和领海主权。这个见解不仅在当时非常难得，即便在今天的中国，也仍然非常重要。清政府接受了张謇的建议，南洋大臣周馥下令设"江海渔界全图"，1906 年 2 月完成中国海总图 2 幅、沿海七省分图 7 幅，标注有经纬线，并以中英文作详细注释。7 月，完成海图 3 幅，其中一幅由南洋官报局刊印出售（马敏，2001）。

在张謇的推动下，这次参加赛会的成果，除了获得奖牌、推广产品之外，在政策方面出台了《出洋赛会通行简章》，使筹办参赛、参展制度化。在此次赛会上，张謇家乡所出的颐生酒获得金奖（图 2–19）。此外，自日本回国后，张謇认识到中国旧式渔业的落后和与欧、日等国的差距，以及发展海洋渔业事业对维护国家领海主权、保护渔民利益的重要性。他曾说："海权渔界相为表里，海权在国，渔界在民。不明渔界，不足定海权；不伸海权，不足促渔界……利害相形，关系极大。"为此，他在通州创办了一家小型的渔业公司，取名"吕四渔业公司"，尝试新型渔业。虽然这家渔业公司规模较小，但其目的在于把当地渔民和渔商组织起来，改良渔具渔法，促进旧式渔业向新式渔业的转化（张绪武，2004：110）。

随后几年，国内各地纷纷仿效劝业博，举办各种展览会、奖进会等，达到了"奖励……工商各业，而助其发达进步"的作用。1910 年清政府在南京举办的南洋劝业会，是清末规模最大的首次全国性博览会（图 2–20、图 2–21）。以张謇为首的东南绅商发挥了重要作用，担当这次博览会的实际组织工作。并且，在南洋劝业会开幕之后，张謇发起成立了劝业研究会，其工作对中国产品的改良和提

图 2-20　南洋劝业会场全图

（资料来源：张绪武．张謇 [M]. 北京：中华工商联合出版社，2004：110，18，25，141）

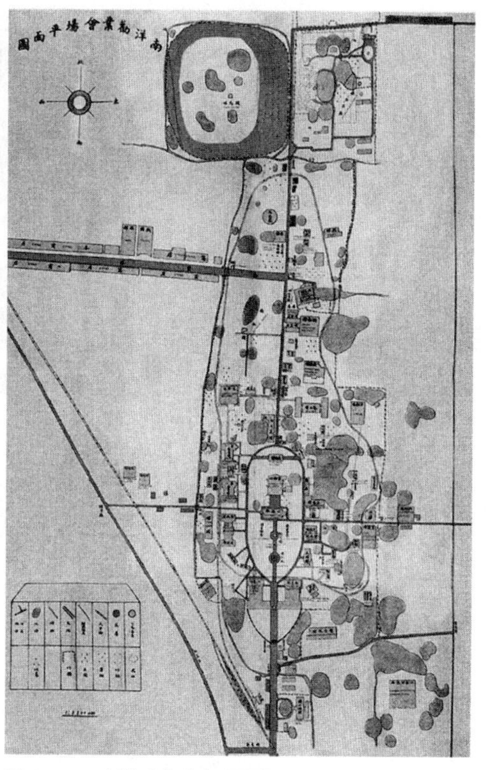

图 2-21　南洋劝业会场平面图

（资料来源：张绪武．张謇 [M]. 北京：中华工商联合出版社，2004：110，18，25，141）

高有所推动。此外，张謇等还推动成立了中国实业研究会、全国农务联合会、工业演说大会、报界俱进会等全国性社团组织，在沟通全国实业界人士方面作出了贡献。南洋劝业会还促进了中外实业家之间的交流，日本和美国都派实业代表团前来参观考察，并在交流过程中促进了双方在办实业方面的合作。

1913 年张謇出任民国农商部总长，负责主持中国赴美国旧金山巴拿马太平洋万国博览会的筹备工作。在 1915 年的巴拿马博览会上，中国获奖数为历届参加国际博览会之冠。在此次展会上，南通女工传习所所长、绣织局局长沈寿所绣《耶稣像》获一等大奖（图 2-22）；张謇因其事业所取得的显著成绩而获颁荣誉大奖（图 2-23）。

（8）小结：张謇在考察 1903 年大阪劝业博过程中，一方面全面考察了举办博览会在场馆安排、展品组织等方面的细节，为后来他参与或主持国内举办、参加博览会奠定了基础。

另一方面，他注意考察劝业博展品中与他已经或即将创办事业相关的方面，比如：教育、市政、垦牧、工业实业、盐业、渔业，以及火柴、发电、冶铁等。在劝业博上的所见所闻，开拓了张謇的思路、增长了见识，实地考察及所思所想，为他回国后继续从事家乡南通以及全国的市政建设、博览事业等，有极大的促进作用。

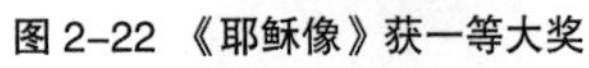

图 2-22 《耶稣像》获一等大奖

（资料来源：张绪武．张謇 [M]. 北京：中华工商联合出版社，2004：110，18，25，141）

图 2-23 张謇获荣誉大奖

（资料来源：张绪武．张謇 [M]. 北京：中华工商联合出版社，2004：110，18，25，141）

总的来说，在整个参观劝业博的过程中，张謇的思路很清晰：第一，抱定学习的态度，认真仔细地了解展品中所反映出来的先进技术和观念。第二，采用比较的方法，无论对展品，还是展示所折射出来的内在的政策等软科学方面的东西，都通过中日比较，来更全面、深入地把握产生差异的原因，以及在这些方面的值得借鉴之处。第三，不盲目、有自信，在比较中外产品和做法的时候，能够理性地予以评论，而不是一味地膜拜日本或其他国家的东西。在客观、真实地把握彼此现状的基础上，所作出的判断才是有益的。学习对方的长处、规避发现的问题，这是张謇一贯的做法。

2.2.2 学校教育

张謇与蒋黼确定考察原则，首先考察学校教育，其次涉及工厂等实业。另外，考察学校的顺序是从幼儿园开始，由低向高；最希望了解的是小学校、旧学校、地方学校、历史不长的学校、办学经费来自民间自筹的学校之办学情况。这个原则是与他的考察目的紧密结合的，他此次访问日本，就是希望了解那些与他在南通所办事业程度最接近的教育、实业等地方建设各方面相关的实践，是最急需、能够直接借鉴的经验。所以，在大阪对学校教育的考察，也是重点关注幼儿园和小学、师范学校；因为大阪是大学集中之地，所以对于高等教育的考察也较为全面，涉及工业学校、医学校、师范学校、农学校等。

1）大阪市小学校创立三十年纪念会

五月五日，端午，张謇和蒋黼在西村和小池的邀请和陪同下，参加了大阪市小学校创立三十年纪念会，会场设在宽广的大阪陆军练军场（图 2–24）。大阪《朝

图 2-24　大阪《朝日新闻》关于大阪市小学校纪念式的图片
（资料来源：大阪朝日新闻，明治 36 年 5 月 31 日第三版，缩微胶片）

日新闻》报道了此次由大阪市教育会主办的“大阪市小学校纪念式”的盛况（附录 -4），认为在劝业博举办期间，各种大会非常多的情况下，皇太子能够亲临会场，是大阪市学政的光荣。同时，报道也介绍了日本，以及大阪市 30 年来小学教育的发展情况。维新前，日本的士人阶层的教育仅以“文武兼备”为目的，农工商阶层则仅以识字为目标。维新中兴、文武之政改革以来，国家在教育方面下了很大工夫。日本在明治 4 年（1871 年）创设了文部省；明治 5 年 8 月颁布学制，划分了大中小学区，从此开启了义务教育的发端。明治 6 年，小学校总数有 12558 所，就学的学龄儿童为 28.13%；在短短不到 30 年之后，明治 33 年，学校数就达到了 26856 所，儿童就学率剧增，达到 81.48%。表 2-2 表明大阪府小学校就学率的迅速提升，及其在全国的领先地位。而日本全国的数据，也异常高。说明政府重视、采取国家支持的义务教育，对普及教育非常有帮助。我们还可以参考图 2-25 来考察当时大阪府各类学校的密集分布，充分表明了小学教育的普及程度。这种成绩，令张謇、蒋黼等从事教育的人士钦羡不已。

大阪府市町村立小学校就学率（%）　　表 2-2

明治（年）	公元（年）	大阪府			全国平均
		男	女	平均	
19	1886	62.00	47.50	55.20	46.30
20	1887	53.30	38.20	46.10	45.00
21	1888	57.30	41.90	50.10	47.40
22	1889	60.00	40.00	50.60	48.20
23	1890	61.20	43.70	52.90	48.90
24	1891	62.40	45.10	54.10	50.30
25	1892	65.30	48.90	57.80	55.10
26	1893	66.19	47.34	57.38	58.73

续表

明治（年）	公元（年）	大阪府			全国平均
		男	女	平均	
27	1894	76.63	59.56	68.63	61.72
28	1895	76.44	58.53	67.88	61.24
29	1896	78.29	61.70	70.32	64.22
30	1897	80.01	64.60	72.72	66.65
31	1898	80.87	66.27	73.97	68.91
32	1899	83.77	69.71	77.14	72.75
33	1900	89.35	78.99	84.46	81.48
34	1901	91.71	82.80	87.56	88.05
35	1902	93.51	85.43	89.67	91.57
36	1903	94.39	87.04	90.91	93.23

资料来源：梅溪升（1998），326

图 2-25　大阪市中心的私塾、寺子屋、心学讲舍的分布

（资料来源：梅溪升 . 大阪府教育史 [M]. 京都・东京：思文阁，1998：附图 2）

考察中，张謇认真观察了会场内与活动程序相关的布置与安排。正值风雨大作，但小学生们依然相继进行了奏军乐、接受皇太子视察、聆听大阪教育会长讲话等程序。西村介绍说参加的小学生人数有 4 万，却能够在风雨中行列不乱，表现出大阪市小学教育创办 30 年来所取得的优秀成绩，为张謇等所佩服。此次观摩，坚定了张謇办学的决心，以 20~30 年为期，构筑南通以及通海地区的学校教育体系。同时，小学生在庆典上列队、操练、奏乐的情景也深深地打动了张謇，回通之后，他建设了南通第一、第二公共体育场，专门用于体育活动或举办运动会、各种大型活动等。他本人也亲自到场主持和观看南通学校的运动会（图 2–26）。

南通公共体育场大门

1919 年张謇在公共体育场主持中等以上学校运动会

运动会撑杆跳

运动会军事操练

建于 1917 年的南通公共体育场有各种体育设施，位于段家坝；1922 年又在城区与狼山之间建第二公共运动场。

运动会军事操练

图 2–26　南通公共体育场及学生运动会

（资料来源：张绪武 . 张謇 [M]. 北京：中华工商联合出版社，2004：185）

2）爱日小学校

图 2–27　大阪爱日小学校旧影
（资料来源：http://www.investosaka.jp/jokyo/pdf/nakano_080527.pdf#search=’%E5%A4%A7%E9%98%AA%E7%88%B1%E6%97%A5%E5%B0%8F%E5%AD%A6%E6%A0%A1’）

五月六日，张謇在藤泽元造的陪同下参观大阪市立爱日小学校（图 2–27），拜访了校长高桥季三郎，在其引导下，张謇考察了校舍、教室光线、教员设置、班级及学生数、课程设置等总体情况。张謇等人详细参观了学生的上课情况，旁听了男子教室的度量衡算术、英文；女子教室的唱歌等课程。在日记中，张謇详尽地记录了学童上体育课的情形，对课程过程中的点点滴滴进行了记录，便于回通之后学习使用上课方式。随后，一行人参观了学生在容仪室学习书法、抹茶礼等过程。高桥校长用粉笔写字告诉张謇，日本人在教育中对男女学生有不同的培育目标："女子宜静肃，男子宜壮勇"。

3）爱珠幼稚园

从爱日小学校参观完之后，张謇一行人又来到了爱珠幼稚园。访问了园长盐野吉兵卫。该园校舍不多，但布局为传统院落式，"四周植紫藤为棚，庭铺细石数寸为外运动场，内运动场与讲堂合，颇宽广。"（日记）

这一天刚好是幼稚园开设的 23 年纪念会，于是又参观了纪念会的举办，认真记录其程序，包括儿童集合向天皇照片行鞠躬礼、演讲发展保育事业的意义、为来客置宴以及引导来宾视察儿童的游戏运动等过程（图 2–28）。

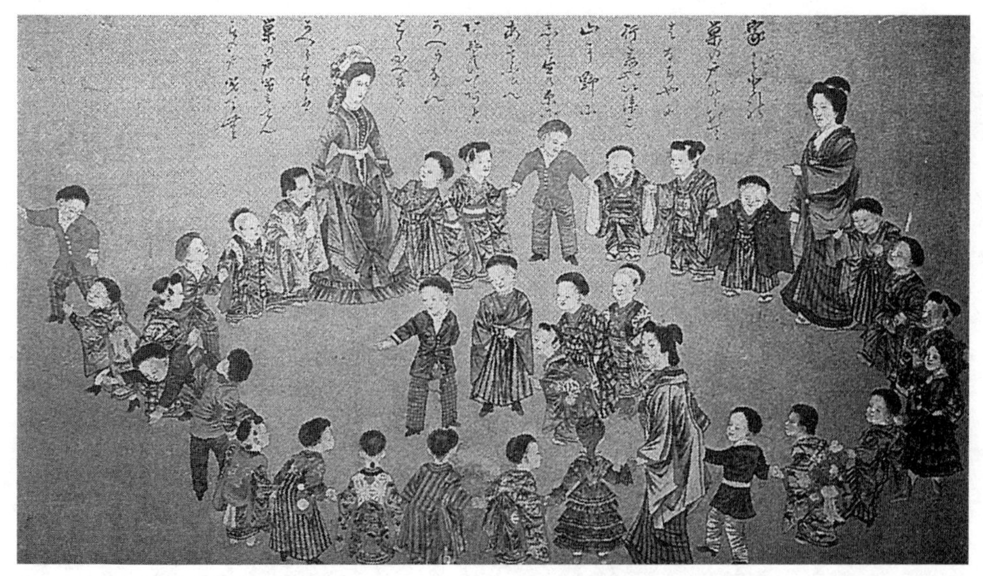
图 2–28　大阪爱珠幼稚园儿童游戏
（资料来源：梅溪升 . 大阪府教育史 [M]. 京都・东京：思文阁，1998：封二）

张謇不但对所展示过程有兴趣，更对表演过程中，各位保姆（即幼稚园教师）的表现认真观察，离去之前，询问了他认为表现最好的一位 18 岁保姆的姓名。因为，经过几日的参观，张謇已经决定为了办好南通的幼稚园，希望在日本聘请一位保姆带回南通，既可直接做教员，同时还可以训练一批合格的中国保姆（幼稚园教师）。

五月七日，张謇拜访了西村、小池，商量欲聘请幼稚园保姆的事情，因此，又会晤了清水常次郎。他为张謇介绍了日本保育事业的发展历程。最初是在明治 9 年（1876 年）由了解保育事业的某官吏妻（德国人）在东京创办东京女子师范学校（即现在的茶水大学）茶水附属幼稚园，培养保姆。1878 年大阪派 2 名女子前去学习，次年开设大阪府立模范幼稚园，后于 1880 年扩充为大阪爱珠幼稚园，首座保姆（主任）长竹国子即毕业于东京的茶水附属幼稚园保姆练习科。由于所聘教习为外国人，日本最初的保姆培养过程也颇费周折，上课需要经翻译口译，同学们使用翻译过来的教科书。

张謇欲聘请日本保姆的事情，也上了报纸。大阪《朝日新闻》报道说："（张氏）表示出回国后一定要在师范学校附设幼稚园的愿望。张氏打算聘请我国妇人担任保姆，应聘者可以得到在张氏私邸居住的礼遇。"（大阪《朝日新闻》，明治 36 年 6 月 4 日，一版）回通后经小山健三介绍，最终聘请了两位保姆、一位师范学校教习至南通任教。图 2–29~ 图 2–31 显示了南通办幼稚园的情况。

爱珠幼稚园的建筑设计过程也很耐人寻味，最终的设计结果能够满足相关各界的要求，反映了传统上，日本公众参与社区规划的历史基础。因为是民间所办，与东京的茶水幼稚园在布局方面有所不同，不需要那么多用于接待皇家人员的特别接待室；而属于设于社区之间的民间设施。1880 年，最初的园舍是在户长役

图 2–29　南通第三幼稚园儿童游戏

（资料来源：张绪武 . 张謇 [M]. 北京：中华工商联合出版社，2004）

图 2–30　南通第一幼稚园
（资料来源：张绪武 . 张謇 [M]. 北京：中华工商联合出版社，2004）

图 2–31　南通幼稚园的保姆
（资料来源：张绪武 . 张謇 [M]. 北京：中华工商联合出版社，2004）

场和民家的基础上改建而成。其中一部分是欧风建筑，建筑面积 175.4 平方米，非常狭小；1883 年转移到今桥 3 丁目的鸿池善右门的持家，修缮而成；至 1902 年 1 月才搬迁到现在这个充满和风寺院风格的社区来，设计、建造了新的园舍。图 2–32 显示了新园舍的平、立面图集，这个方案是通过民主的程序获得的。该园舍的设计过程，得到了爱珠幼稚园历代园长的关注和指点，并在主座保姆、幼稚园事务员、小学校长、东区役所的书记 2 名、幼稚园相关人员 3 名合作下，提出了 6 个提案，以设计竞赛的方式，用美浓纸精心绘制后，张贴于园庭。选择的依据是要有朴素的形式和家的感觉。

最终的设计施工图，是由大阪府技师中村竹松完成，送交文部省技师、工学

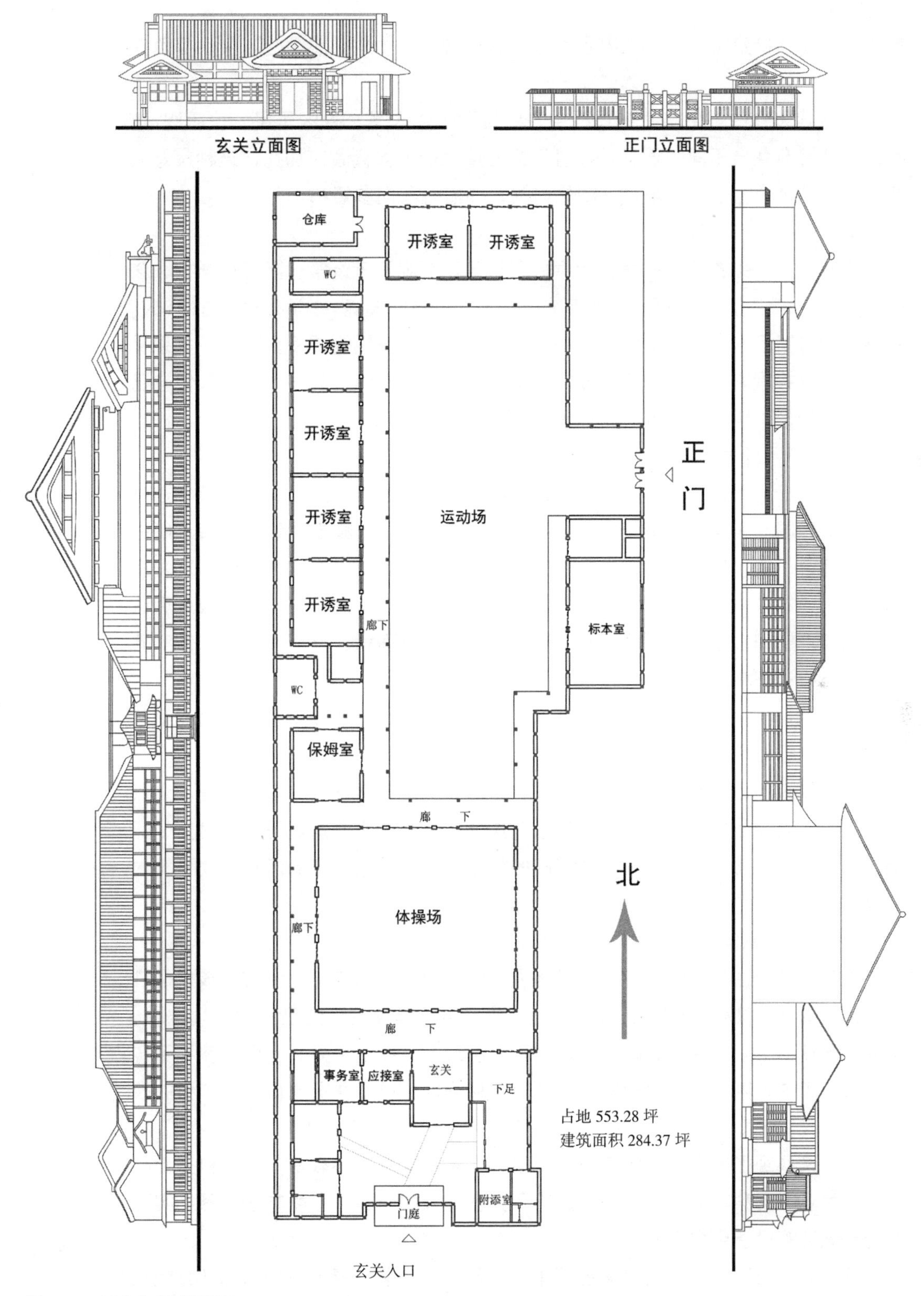

图 2–32　爱珠幼稚园设计图

（资料来源：根据近江荣 . 现存する <幼稚园建筑>のさきがけ：大阪爱珠幼稚园 [A]. 日本建筑学会大会学术进演梗概集 . 计画系 44，1969：883–884 插图绘制）

博士久留正道检查批准的。工事由大阪土木株式会社的木村清幽社长主动担负完成（近江，1969）。

在3代园舍的提供与建设过程中，幼稚园工作人员、社区居民、役所职员、社区企业等有各自不同的贡献，尽自己的力量为社区教育添砖加瓦，这种良好的氛围，影响至今，是社区培育活动的前驱，亦值得我们参照和学习。

4）东区第一高等小学校

五月七日，张謇等人在藤泽士亨的引导下，参观了东区第一高等小学校，该校建于明治23年。负担全区约1.5万户、5.7万人的高小教育，在学儿童共1191人。张謇主要考察了该校的教员情况，包括男女教员数、分别需要多少薪水，如果平均来算，总共需要多少，等等，非常详细，可见应是一边计算、一边比较他自己在南通办学校，需在工资方面准备多少预算。

5）女子师范学校

五月八日，西村、小池陪同张謇和蒋伯斧一起，参观了大阪女子师范学校及其附属幼稚园。在女子师范学校，张謇考察了学生数、自修室的设置及每人所占面积、宿舍设置，包括宿舍相关的浴室及浴池、厕所，以及厨房、食堂、理发室等。因为，这些与生活相关的地方，与我们国内的习惯非常不一样，比较之后认为华人所占空间较多。考察了教室、实验室等，对其面积、平面布局，以及实验设备等进行详细观察和记录，以备日后参考。

随后一行人来到附属幼稚园，看到教室不多，但是游戏场所很多。为训练儿童的智力、毅力等方面，所设计的游戏、体操、舞蹈等很有意趣。

据第二天的大阪《朝日新闻》报道，张謇等人“考察学校的授课管理，重点是建筑物、教授法等。详细的考察包括对桌椅的尺寸一一测量。另外，对女子师范生的体操及宿舍生活等也有很感兴趣的样子。对幼稚园儿童的汽车游戏和积木玩具等，驻足观看”。

6）中之岛高等工业学校、医学校

五月九日，由小池作向导，张謇等人参观了中之岛高等工业学校，该校是日本文部省直辖的27个学校之一，校长是安永义章。学校设机械、应用化学、染色、窑业、酿造、冶金、船体和机关共八科，学制三年。书记中岛义光引导参观了各所属实习工厂，其中，窑业科的一个学生很详细地介绍了情况，说明这个科的教学情况比较完善。

之后又参观了医学校（图2-33），某职员带领参观了各教室、细菌科室和解剖实习室。细菌科室的教员耐心地解答了张謇等人的问题，态度非常诚恳。实验室的显微镜等设备也很先进。

正如张謇与蒋黼所确定的参观顺序，对于越是低等、基础的教育，如幼稚园、小学校等，张謇参观越仔细、记录也更详细，因为与其所办事业相近。高等学校中，更关注师范学校，以及其与所附属的小学、幼稚园之间的关系。而对于工业学校、医学校等，比较而言，询问得不是特别仔细。但是，随着张謇在南通各项事业的发展，他在日本所参观的高等教育，包括工业、医学、农业学校等，都一一地实现了，则当日的轻松参观与浏览，实际上也为其日后的工作带来很多可以借鉴的经验。

图 2–33　中之岛医学校

（资料来源：大阪 // 冈本良一，守屋毅 . 明知大正图志 [M]. 第 11 卷 . 东京：筑摩书房 .1978）

7）大阪府立师范学校

五月十日午后，张謇来到大阪府立师范学校参观。校舍于 1901 年 6 月新落成，规模宏大。张謇听取了校方对学生数、讲习科的介绍。还了解了教职员工的设置情况、学校授课情况的安排。以及学生的住宿情况，认为学校的住宿和食堂等空间比通州师范学校小一半，但是却容纳了 3 倍的学生。原因可能是生活习惯的不同，但他也提出了，日本人比较能吃苦这个可能性。

五月十一日，张謇等又跟随小池到师范学校，考察单级小学校的授业情况。所谓单级小学校就是一般的町村小学所采用的，合四个年级的学生于一室，轮流给不同年级的同学上课的形式。张謇认为，这种授课形式，最适用于当日的中国，因为学生数不多，分太多的班级，会浪费教室和师资。

关于日本的师范学校设置，最初学习美国，全国建师范学校 5 所，有的说是 8 所。聘请美国教习 2 人，其他的教习聘请曾留学西方国家的人担当。至 1903 年左右，每府县各建一所师范学校。又增建女子师范学校，目的是为广泛开设幼稚园培育师资。教科书是全国统一的，由文部省编纂颁行，至 1903 年，教科书在使用过程中，已经多次修改。

通过参观和了解日本的实业、教育，张謇很感慨："凡事入手有次第，未有不奏成绩者。其命脉在政府有知识，能定趣向；士大夫能担任赞成，故上下同心，以有今日。不似一室之中，胡越异怀；一日之中，朝暮异趣者，徒误国民有为之时日也。"对于当时清政府的无所作为，也只能无奈和愤慨。

8）农学校

五月十四日，张謇等人来到大阪农学校参观（图 2–34、图 2–35）。适应学校的性质，农学校选址在一山麓，四周有水，水外都是试验田。试验田有学生负责的，也有农夫负责的。除此之外，还有畜牧场、解剖室。种植的牧草有欧美种，家畜有华种。张謇对学校的牛羊猪圈不满意，觉得不干净，鱼鸭池也不够宽广。

图 2-34　大阪府立农学校本馆（胜山时代）
（资料来源：http://www.osakafu-u.ac.jp/）

图 2-35　大阪府立农学校实验室（胜山时代）
（资料来源：http://www.osakafu-u.ac.jp/）

随后也观察了学生在田地里做试验。其他科目，有体操、无音乐。

张謇认为，该农学校学生毕业后的安排，值得南通学习："学成不入高等，听其散而归，各治其乡。"唯其如此，才能真的起到学以致用的目的。毕竟农业的广阔天地是在农村，农学校的目的不是为学生到城里寻一个生活做准备的。关于学生的饮食安排，张謇也找到了值得学习的地方。日本学生每餐吃得不多，"凡日本教育家之言曰，当使学生知为学不求饱而敏于所事，不可使饱食而无所用心。可谓知本"（日记）。

大阪《朝日新闻》对张謇在农学校的访问，有详细的报道："前天上午张氏抵达大阪府立农学校，会见了校长井原百介氏。张氏从学校教学实习的方法等开始考察。张氏说明了为利于现在张氏在通州从事开垦事业作参考，希望得到特别指导的来意。校长以最恳切的态度回答了种种提问，并根据学校创设以来的各种年度统计表，对经费、办学成绩、学生毕业后的业务能力等作了详细的说明。随后张氏参观了试验场、苗圃、学生试验田，以及兽医科实习场、校舍、宿舍、动植物标本、农具标本室等。之后，偶然谈到宿舍的事情上，谈及饮食品种和分量少，是清国学生生活上难以忍受的情况。这引起了校长的注意，于是请张氏试用与学生同样的午餐。谢过校长的恳切指导，张氏在下午一点半告辞。"（大阪《朝日新闻》）

2.2.3　公共机构

1）大阪朝日新闻社

五月四日，张謇与蒋黼到大阪朝日新闻社访问，西村天囚正是该社的资深记者。由西村介绍，又结识了小池信美，也是该社的执笔人。小池正是之后多日陪同张謇等人到大阪各实业、教育机构访问的主要介绍人之一。随后，在西村和小池的引导下，张謇等了解了新闻社的业务覆盖范围、参观了新闻社的排字房、访问了社长村山津田和上野理一。回通后，张謇也办了地方报纸，《通通日报》、《通海新报》等。

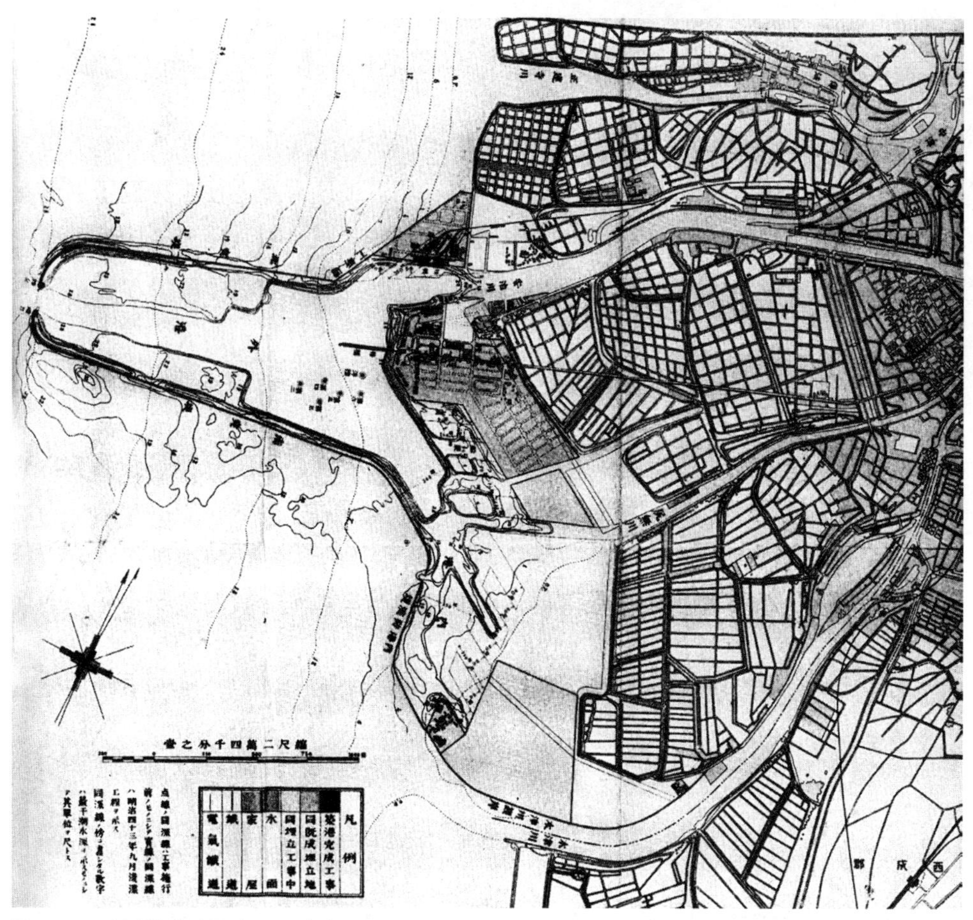

图 2-36　大阪筑港略图（1905 年）

（资料来源：大阪 // 冈本良一，守屋毅 . 明知大正图志 [M]. 第 11 卷 . 东京：筑摩书房，1978：86，24，18-21，12）

2）筑港

五月十四日午后，“大阪邮船会社金岛文四郎具小轮邀同伯斧、小池同观筑港（图 2-36）。港本海也，筑而后有港，故名筑港”。张謇仔细询问了关于筑港如何修筑的过程、方法以及聘请外国工程师的经纬。“日人初学荷兰，荷兰人以建筑工名欧洲，意乃兰法也。”因为南通南临长江、通海垦牧公司东临黄海，都需要修筑堤坝、防洪保坍。所以，张謇异常关注此事。后来，张謇聘请了荷兰工程师奈格、特来克父子①至南通服务。

张謇了解到，大阪筑港，是其近十二年来的三大工程之一，其余两项分别是大阪水道、淀川工程。此三大工程耗费巨资、大量人力和时间得以实现，却是对人民生活和城市发展具有重要意义之举。他感叹：“勤矣哉！孔子曰，禹无间然，卑宫室而尽力乎沟洫，禹之明德，宁非吾中国所当取法者乎？呜呼！”（日记）

① 1906 年，约翰斯·特来克（中国人称之为奈格）应上海工部局聘请，作为上海浚浦局总工程师，来南通勘测长江下游，提出保坍方案。其子亨利克·特来克（Henrik Tolakor，中国人习惯称特来克）作为助手随行。此间张謇对其有所了解。后于 1915 年，张謇聘请特来克来南通负责保坍事业。

2.2.4 政府办公

1）大阪府

五月三日，抵达大阪之初，张謇与蒋伯斧一起访问大阪府（图 2–37），目的是请府知事介绍，能够在随后的访问中参观农场、工厂时更方便。见到了书记官山田新一郎、农会技师富冈治郎。大概是在等候的间隙，对其办公楼内外设置进行了观察和记录，表现出对建筑设计及其浓厚的兴趣：“日人居室小而精，所居之楼高一百十寸，深一百六十四寸，广三十六寸，复瓦方尺，制作极精。居室外有树，皮似旧铜绿色，深浅缀之，绝可喜。”（日记）

2）大阪造币局、水源局

五月十日，在西村和小池的陪同下，张謇等人首先参观了造币局（图 2–38、图 2–39），其次参观了大阪水源局。造币局平时是不可以入内参观的，这次因为大阪召开劝业博，所以允许开放。而且，对于来访的华人，热情尤其高。造币局隶属于大藏省，张謇参观了地金溶解、延伸及精印等各车间。在精印车间，参观了最新式的平量轻重机，异常精准，并仔细询问、记录了所制货币的种类、成色，以及所使用原材料。了解到所造金币，原料来自中国的最纯良、来自中国台湾的次之、朝鲜更次之。

图 2–37 大阪府

（资料来源：大阪府编．大阪府写真帖 [Z]. 大阪府，1914）

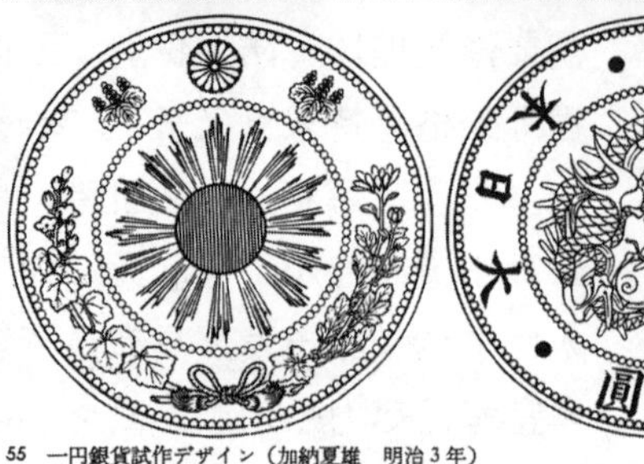

图 2–38 大阪造币局及所造货币

（资料来源：大阪府编．大阪府写真帖 [Z]. 大阪府，1914
大阪 // 冈本良一，守屋毅．明知大正图志 [M]. 第 11 卷．东京：筑摩书房，1978：86，24，18–21，12）

图 2-39　外国人所绘大孤造币局

（资料来源：大阪 // 冈本良一，守屋毅 . 明知大正图志 [M]. 第 11 卷 . 东京：筑摩书房，1978：86，24，18-21，12）

对比日本与中国造币方面的安排，批评中国政府不采取金本位而导致金流失国外，而国内金价日涨，政策有疏漏。张謇由此批评中国政治家的迂腐及所造成的弊端："我政治家之性质习惯有一大病，则将举一事，先自纠缠于防弊，不知虫生于木，弊生于法。天下无不虫之木，亦无不弊之法。见有虫则去之，见有弊则易之。为木计，为法计，虽圣人不过如是。而我之有立法权者，未更未见弊之法，先护已无法之弊，傎已。东西各国办事人，并非另一种血肉，特造止法度，大段公平画一，立法行法司法人，同在法度之内。虽事有小弊，不足害法。"（日记）

2.2.5　企业设施

1）造玻璃厂（岛田硝子）

五月六日午后，张謇参观造玻璃厂。厂长岛田孙市，学习工科制造出身，1891 年创办该厂。创办之初由官办，亏损颇巨。后转为岛田经营、官费补助；最终归岛田个人所有，制造技术也是由他个人研发。张謇详细考察了其制造工艺和成品质量（图 2-40），认为质量上不如欧洲产品，但是比较而言价格低廉，所以有生存的空间。

图 2-40　岛田硝子制造的玻璃瓶

（资料来源：http://uranglass.gooside.com/goldenlight/yomoyama.htm）

比较日中两国办实业的思想与成就，首先，张謇认为日本较为成功的地方在于："日人治工业，其最得要在知以予为取，而导源于欧，畅流于华。"其次，由于日本的人工费高过中国 1~2 倍，因此，如果中国政府能够很好地组织实业生产，并给予一定的补贴或优惠政策，我国的工厂也是有一定的盈利可能的。进而，张謇分析："我政府而有意于通商惠工野，利过于日有五说焉：一原料繁富，二谷足工廉，三仿各国之长使利不泄，四餍民生之好使不愿外，五与世界争进文明。其要则以予为取一语赅之……日本凡工业制造品运往各国，出口时海关率不征税。转运则以铁道就工厂，又不给则补助之。国家劝工之勤如是。”最后，张謇感慨道："与世界竞争文明，不进即退，更无中立，日人知之矣。"（日记）

2）天满织物株式会社

五月十二日，张謇一行来到位于天满桥北、专织绒布的天满织物株式会社（图 2-41）。他考察了该厂所拥有的织机数、每日用煤数、原材料来源，以及车间生产的日常安排等。对于工人数、性别比例、工资数等亦详细记录。因为张謇在南通所创办的主要企业——大生纱厂——的生产与织布业紧密相关，而南通当地又素有织土布的传统，所以，他对织布业比较熟悉，也比较关注。回通之后，张謇于 1914 年办大生第三纺织厂、1915 年办大生织物公司，都与此次访问不无关联。

3）大阪铁工所

五月十四日下午，张謇等人乘小轮考察大阪筑港后，回程途中经过安治川，参观了范多隆太郎的铁工所（图 2-42），即大阪铁工所。张謇记录工场面积为 6700 坪，合中国 4 万余平方尺；资本 150 万元。该厂能够生产汽船和浚渫机船（图 2-42 上图），在台湾基隆有分厂。匠人们非常自豪，"匠目无欧洲人"。张謇感慨，如果我国的上海制造局也能为农工实业界制造一些实用的机械，同时又能为自身盈利就好了。在这些方面，与日本相比，我国还有不小的差距。

4）大阪三十四银行

五月十六日午后，张謇访问大阪三十四银行（即后来的三和银行），现在的东京三菱 UFJ 银行（图 2-43、图 2-44）。前日所结识的小山健三，正是该行第二代头取（1899~1923 年间任职，中国称总办）。

图 2-41　大阪的纺织厂

（资料来源：大阪 // 冈本良一，守屋毅. 明知大正图志 [M]. 第 11 卷. 东京：筑摩书房，1978；86，24，18-21，12）

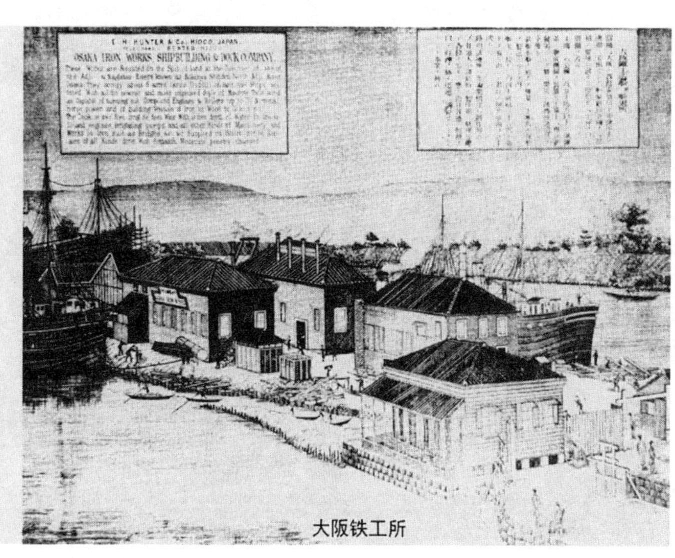

图 2-42　大阪铁工所及其制造的船只

（资料来源：大阪 // 冈本良一，守屋毅 . 明知大正图志 [M]. 第 11 卷 . 东京：筑摩书房，1978；86，24，18-21，12）

图 2-43　三十四银行内部

（资料来源：大阪 // 冈本良一，守屋毅 . 明知大正图志 [M]. 第 11 卷 . 东京：筑摩书房，1978；86，24，18-21，12）

图 2-44　三十四银行（明治末）

（资料来源：大阪 // 冈本良一，守屋毅 . 明知大正图志 [M]. 第 11 卷 . 东京：筑摩书房，1978；86，24，18-21，12）

小山引导张謇等人参观了银行的各个部门的办公、金库、防盗等场所和设施。三十四银行初办时为国立，后来归商人，与中立、共同和有鱼三个银行合并而成，以股份制经营。一般的农商实业者，都可以自己所拥有的不动产抵押借款。

小山任头取之后，三十四银行的经营方针有所变化。一改以往强烈的“投机家的机关银行”的色彩，三十四银行决心向“近代的商业银行”方向发展。营业所的风气一新，比如，营业时间内不得阅读报纸、杂志等。表现出开拓进取的积极状态。随后，在积极开拓海外业务、与其他银行合并以扩大规模的同时，坚持

图 2-45　淮海实业银行拾圆纸币

（资料来源：张绪武．张謇 [M]. 北京：中华工商联合出版社，2004）

图 2-46　淮海实业银行

（资料来源：张绪武．张謇 [M]. 北京：中华工商联合出版社，2004）

向小工业者提供长期资金贷出，这是三十四银行独有的业务，为大阪地区的小工业者的育成作出了很大的贡献。

张謇日记中谈到，之前曾与几个朋友商量在南通共同创办银行，来帮助农工商实业，此时尚无定论。后来，经过多年的实业经营的积累，在 1920 年终于由他的儿子张孝若创办了淮海实业银行（图 2-45、图 2-46）。

2.2.6　访问人物

在大阪，张謇访问自己以往的旧识西村天囚，当时是大阪朝日新闻社的撰稿人。由他介绍，认识了同为《朝日新闻》执笔人的小池信美。在冒雨参观大阪市小学校创立三十年纪念会现场，又经西村介绍，结识了造币局长长谷川为治、高等商业学校校长福井彦次郎和汉学家藤泽南岳。藤泽南岳之后派自己的儿子藤泽元造陪同张謇等人在大阪各机构参观。为了解关于银行的事务，张謇在小池信美的介绍下，认识了小山健三，等等。这些人物，对张謇随后在大阪和日本其他城市的参观中，或承担引导、陪同的责任，或为之介绍熟人、便利其参观，还有的是长期交往。通过文献检索，可以看到，这些人物多数后来都成为日本历史上著名的学者、政治家或实业家。因此，可以说，张謇访日过程中，不但亲眼看到了许多对其日后事业发展有益的实际情况，而且得到了规格很高的各界人员的陪同，在与他们交往的过程中，张謇能够了解到更多各行各业发展的历史、深层的缘由以及未来的走向，这些对他的思想发展有深刻的帮助和影响。

在参观大阪各机构的过程中，张謇等人也结识了它们的负责人。他们对于张謇等人的参观、访问，都给予了有益的帮助、指导，并回答了张謇等人提出的各种问题。张謇说，“日人于华人之来观实业、教育者，罔不殷勤指示。若西村、小池，若藤泽，若三井参事石田清直皆可感”（日记）。

1）西村天囚

西村天囚（1865~1924 年，图 2-47），本名时彦，号天囚，别号硕园。是日本优秀的汉学家，有名的文人。1897 年成为大阪《朝日新闻》的主笔，1910 年从事重建怀德堂的工作，1916 年兼任重建怀德堂的理事和讲师。同年任京都帝国大学（今京都大学）非常勤讲师，讲授楚辞学。1920 年获文学博士。1921 年任宫内省御用掛，大正 12 年（1923 年）日本关东大地震时的“振作国民精神诏书”就是西村起草的。他曾经三度来中国游学，访问过张謇任院长的江宁文正书院，与张謇是旧识，因此，张謇 1903 年访日期间，主要由西村陪同和引荐。

图 2-47　西村天囚

（资料来源：http://www.db1.csac.kansai-u.ac.jp/hakuen/syoin/retsuden048.html）

西村比较了解中国，所以，对日中关系也有较深刻的理解。他认为：“清国与我国地同其洲、人同其种，征诸古交通久矣。考诸今安危关焉，情如兄弟，势为唇齿，其相交也，有同文之益而无异教之嫌，固宜互蹈公道，相依相益，以同享太平，偕乐昌运也。”（周建忠，2008）他曾经谈道：“（张謇的）《变法平议》各条几乎无不引用日本的例子，真可谓师其意，访其法，我们日本人也不得不为表同情。特别是教育制度亦模仿我国，故讲新学……兴学校之时，先译日本课本以为课本，可见其向慕之殷。”（章开沅，2000：158）正是基于他对中日关系的认识和对张謇等学习日本经验的迫切心情，他非常乐于引导张謇一行参观大阪各机关，尽最大可能地满足他们的需求，了解、掌握所需信息，便于回国后对各项事业有所帮助。

五月初四日，张謇与蒋伯斧初到大阪访问西村天囚自宅，认为其庭院的植物配置很考究。后于五月初十日，应西村邀请，到他家午餐。由西村夫人亲自下厨，以示敬意。张謇觉得这还是受中国传统影响的。进而谈到日本自三国时始通吴，从穿吴服、发音中有吴音，"器重唐木、漆重唐涂，风俗亦有杂学宋明者"来看，学习中国的地方还是非常多的。自维新变法以来，则转向学习欧美。

张謇与西村的交往，无论是西村向张謇讨教中国古代典籍，还是张謇向西村了解日本近代发展，都是用一种平等的平常心对待，希望能够互相帮忙，共同发展，是一种双方所乐于看到的、正常的两国民间的交往关系。

2）小池信美

五月初四日，在访问大阪朝日新闻社的时候，经西村介绍，认识了他的同事小池信美。小池曾在上海工作五年，因此能说汉语。西村和小池引导张謇等人参观了大阪朝日新闻社（图 2-48）。另外，张謇一行随后在大阪的参观中，多半有小池的引领和介绍，可见其与西村一样乐于帮助前来访问的中国人了解日本各行各业的发展。他陪同前往的机构包括大阪市小学校创立三十周年纪念会、桃山女子师范学校、中之岛高等工业学校、医学校、造币局、水源局、大阪府立师范学校、单级小学校、天满桥北织物株式会社、东城郡鹤桥、筑港、安治川与铁工厂，并陪同张謇拜访小山健三。从这个长长的单子，可以看到小池对于张謇来访的重视程度。

另外，小池所在的大阪《朝日新闻》在张謇来访期间，对他的活动作了跟踪报道，在访问之初的五月五日（公历 5 月 31 日），即张謇等人访问大阪朝日新闻社的第二天，便以"翰林修撰张謇氏"和"蒋伯斧氏"为题，介绍了这两位来访的中国客人。介绍张謇有"日本通"的称号。列举了他所从事的事业，包括纺织、垦牧等实业，教育等方面。还向读者介绍了他们来访的计划，"除了博览会之外，他还将参观各种学校和工厂；然后会赴东京参观；并游览北海道，考察垦牧实况……希望大阪的学校与工厂等处，在他参观的时候予以郑重的接待。"还介绍了张謇对新闻社的访问，"张氏已于昨日与同行的蒋氏一起访问了本社，并参观了印刷工厂。"最后，通过张謇的访问过程，以及面谈之后对他的了解，评论说，"他是一位与普通的悠闲的游览者不同的视察者。他名望学识兼而有之，且勇于实践。"介绍蒋伯斧同样既从事教育，亦鼓吹实业。此次将与张氏同行考察大阪、东京和北海道。最终认为："这两人与一般只凭议论博取虚名的新党不同，可以称作实业派的名士。"（大阪《朝日新闻》报道，详见附录 2）

其后，该报又在 6 月 2 日（农历五月七日）一版刊登了由报社画师山内愚仙所绘的张謇画像（图 2-49）。张謇日记中也曾谈道："朝日新闻社画师山内愚仙来为画小像。其画以铅笔就小册为之，顷刻而成，行登诸报端云"（日记，五月五日）。

6 月 4 日（五月九日）一版，该报对张謇在大阪的参观考察进行了跟踪报道。

图 2-48　大阪朝日新闻社（1930 年）

（资料来源：维基共享资源 http://ja.wikipedia.org/wiki/%E3%83%95%E3%82%A1%E3%82%A4%E3%83%AB:Osaka_Asahi_Shimbun_Company_Building.JPG）

图 2-49　张謇速写（山内愚仙绘）

（资料来源：大阪朝日新闻，1903 年 6 月 2 日）

说明张謇和蒋伯斧近日来参观了爱珠幼稚园、女子师范学校及其附属小学和幼稚园。报道称张謇考察了学校的授课管理，重点是建筑物、教授方法等。对于张謇考察的细致程度，该报说："详细的考察包括对桌椅的尺寸一一测量。另外，对女子师范生的体操及宿舍生活等也很感兴趣的样子。对幼稚园儿童的汽车游戏和积木玩具等，驻足观看。"（图 2-50，大阪《朝日新闻》报道，详见附录 2）

6 月 11 日（五月十六日），大阪《朝日新闻》又报道了张謇对大阪府立农学校的考察，以及随后乘商船会社的汽艇，参观筑港和大阪铁工所的情况。在大阪农学校，"会见了校长井原百介氏。张氏从学校教学实习的方法等开始考察。张氏说明了为利于现在张氏在通州从事开垦事业作参考，希望得到特别指导的来意。校长以最恳切的态度回答了种种提问，并根据学校创设以来的各种年度统计表，对经费、办学成绩、学生毕业后的业务能力等作了详细的说明。随后张氏参观了试验场、苗圃、学生试验田，以及兽医科实习场、校舍、宿舍、动植物标本、农具标本室等。"对比大阪《朝日新闻》的报道，和张謇日记中的记载，可以看到两者的记录基本上是一致

●張謇氏の校園參觀　既記當地滞在中の清國[illegible]州民立師範學校長翰林院修撰張謇氏及び[illegible]は去る一日東區愛珠幼稚園を、昨日は女子師[illegible]校及び附屬小學校幼稚園を參觀したるが觀察は[illegible]業管理は素より建物、教授是等詳細の點に及[illegible]腰掛の如き一々寸法を測り又女子師範生の[illegible]び寄宿舍生活等に就きて餘程感じたる模様あ[illegible]稚園兒童の汽車の遊び積木の玩具等をも暫らく[illegible]入り居たり、歸國の上は師範學校の附屬として[illegible]非幼稚園を創設せん希望を有し我邦婦人にし[illegible]聘に應ぜんものを求め居り招聘の上は已が[illegible]樓ましめて優待せん筈にて我社の西村[illegible]して人選を大村女子師範學校長に託したり[illegible]

●新博士　東京帝國大學醫科大學教[illegible]し大學總長の推薦に依り學位を授與す[illegible]定し來る十日頃學位授與式を擧行す[illegible]

图 2-50　对张謇校园参观的报道

（资料来源：大阪朝日新闻，1903 年 6 月 4 日）

的，尤其是报道中多次强调张謇等人调查的细致程度，甚至会拿出尺子来测量。从报道的行文中可以看出，日本人对张謇这样的参观考察者是欢迎、配合的，心底也是敬佩的。

3）藤泽南岳与藤泽元造父子

五月七日午后，张謇到大阪东区淡路町1丁目的泊园书院拜访了藤泽南岳（图2-51、图2-52）。藤泽南岳（1842~1920年），本名恒，字君成，通称恒太郎，号南岳等。是在幕末至明治期活跃的儒学家。他的父亲藤泽东畡于1825年在大阪创办了泊园书院，是传授古代文化知识的汉学塾，泊园书院超过怀德堂，作为大阪最大的私塾，风光一时。1873年，南岳来到大阪，担负起中兴泊园书院的使命，成为关西地区的文化名人。曾为大阪的"通天阁"、森下仁丹株式会社的"仁丹"、日本最初的民间幼稚园"爱珠幼稚园"，以及四国小豆岛的名胜"寒霞溪"等命名。

南岳的长子名元（1874~1924年），通称元造，号黄鹄（图2-53）。曾于1901年左右两年间在中国南京的东文学堂留学，学习汉语。次子黄坡（1876~1948年），是战后关西大学最初的名誉教授。南岳之后，元造和黄坡兄弟继续主持泊园书院，直至1948年黄坡去世，泊园书院闭幕。1951年，黄坡之子桓夫将泊园书院的藏书两万余卷捐赠给关西大学，是为"泊园文库"，关西大学成立东西学术研究所专门整理泊园文库。

从江户时期开始，历经明治、大正、昭和前期的120年间，泊园书院作为汉学塾、大阪庶民的学问所，为政界、官界、实业界、教育界、新闻界、文艺界、学术界等各分野培养了大量的人才，对大阪的文化、教育的发展至今仍发挥着巨大的作用。根据泊园书友会的介绍，该书院培养的各界有名人士有69名，包括高岛秋帆、内藤湖南和西村天囚等。

图2-51　泊园书院

（资料来源：http://www.db1.csac.kansai-u.ac.jp/hakuen/）

图2-52　藤泽南岳

（资料来源：http://www.db1.csac.kansai-u.ac.jp/hakuen/）

图2-53　藤泽元造

（资料来源：http://www.db1.csac.kansai-u.ac.jp/hakuen/）

因为是研究汉学的世家，又曾派子弟到中国留学，所以南岳对张謇的来访格外用心，经西村介绍认识之后，当天下午便派儿子元造前来，“愿为遍观各学校之导”。由于藤泽家为大阪和关西学界名人，且世代从事教育事业，所以在各学校人脉广，对各种学校的创办和发展过程有全面的了解，与他们的交谈、往来，对张謇和蒋伯斧能够迅速把握大阪乃至日本初等以上教育，有事半功倍的助益。而对西村、藤泽来说，能与张謇和蒋伯斧这样的鸿儒交流，也对他们的汉学研究很有帮助，因此，他们的交往是双赢的。

图 2–54　小山健三

（资料来源：http://www1.cncm.ne.jp/~k-k-kai/image11.jpg）

4）小山健三（1858~1923 年）

五月十五日，张謇和蒋伯斧造访了小山健三（图 2–54）的住宅，主要请教有关日本教育沿革，尤其是 20 年前的情况。并咨询有关小规模实业银行的组织和运营等事务，得到详细的解说。那么，小山是什么人物呢？为什么既能介绍教育界的发展情况，又能解说银行事务？

从简历看，小山的经历丰富，确实能够完成这个复杂的任务。小山健三，是自明治至大正时代活跃的日本官僚、教育家、实业家、贵族院议员。前半生是教育家，近代日本教育体系的建设者，尤其是奠定了专门教育的基础。历任东京工业学校教授（现东京工业大学）、长崎师范学校校长、东京高等商业学校校长（现一桥大学），创办了长崎女子师范学校、东京高等工业学校附属之外国语学校。1898 年任文部省实业教育局长、文部事务次官，2 个月后辞职，被推荐到大阪任三十四银行 2 代头取，以后 25 年间为三十四银行和日本的金融事业作出了巨大的贡献。因此，日本国内认为小山可与近代实业巨擘涩泽荣一齐名：“东有涩泽荣一，西有小山健三”。

无论在学校教育方面，还是在银行事务中，小山都特别关注其与实业的关系，尤其是扶持小规模工业企业的发展，对三十四银行和大阪地区小规模企业的发展，起到了积极的推动作用。这方面的经验，对于虚心前来求教、并且最关注小规模教育和实业发展的张謇而言，恰好能得到最需要的指点。

5）与朋友饮酒作诗答对，金波楼

五月十三日，在即将结束对大阪的访问之前，张謇作诗，书赠藤泽南岳：“海色西来满眼前，神山楼阁瞰吴船。谁知白发松窗下，犹抱遗经说孔传。”

同日，村山隆平、上野理一、西村时彦在造币局隔岸相对的金波楼宴请张謇等人，同席的还有小山健三等长者。谈笑之间，张謇很喜欢金波楼的环境、风景，睹物生情，即席赋诗："淀川川上画楼多，楼外岚光映筐罗。接席相忘天诛荡，岸巾强复醉巍峨。北听绝激悲涛涌，西望沦溟落日过。星月渐明灯渐上，从容良会记金波。"作罢，西村请张謇赋诗赠之，于是又作《喜见西村君于大阪》："握手重言笑，霜华鬓已催。艰难五年别，辛苦百忧来。古义寻侨札，当筵识马枚。莫谈王霸略，且复掌中杯。"宾客开怀，相与甚欢。

回想十几日来，诸位日本友人，为了让张謇等人的考察有个满意的结果，陪同他们东奔西走，联络各相关机构，不可谓不尽心尽力。凡有所咨询，都一一细心作答，期望中国实业、教育有所发展的拳拳之心，让张謇感慨不已。

2.2.7 小结

加上回程中又在大阪停留了几天，总共张謇 70 天的访日行程中，约三分之一的时间都是在大阪度过的，这是本次访问中最初和最重要的一站。在这里，首先，他多次前往劝业博会场的各个场馆参观、揣摩、测量、记录，不但充分了解了日本，以及世界各国最先进的科学技术和产品，也将自己所了解的我国各项事业的发展，尤其是南通、通海地区的现状情况，与之进行对比、分析，找出值得我们学习、参考之处；同时，他也没有妄自菲薄，对于我国产品质量更好的地方，予以肯定。整个参观的过程，同时也是一个思考的过程。结束大阪访问之后，五月十八日在旅馆休息，张謇在日记中，借听到两名留学生的谈话，表达了自己对学习日本、还是学习欧美的思考："一生曰……（日本）彼亦学欧美耳。我学其似而仍需欧美之真是学……不若尽中国学子分游欧美……是说也，我思之。一生曰：登高必自卑，行远必自迩。以我普及教育未兴之人，一蹴而几欧美……不若就其犹近我者，而借径焉，以为曳也……是说也，我思之。"虽然说对这两个说法，张謇都在思索中，但是从他在大阪的参观情况、所定参观原则来看，在当时，张謇还是比较倾向于后者，并在实际访问中，采取了"首先向与我国接近的、程度较低的学校或实业单位学习"的策略。

其次，由以往所结识的旧朋友，又引荐了一些新朋友，这些人，都是大阪甚至日本在文化教育、实业等各方面的领袖人物，在他们的陪同下，一边参观学校、企业等机构，一边向他们咨询各种事业在初期的发展过程，便于回通之后借鉴。

第三，张謇重视人才培育，他在南通办实业稍有收益后，便自办通州师范学校，培养自己的人才，四年便有可用之才。张謇在参观、访问之余，已经着手办理如何借用日本经验的事务。比如，他立刻委托日本朋友，物色保姆人选，准备聘用至南通，以促进当地的幼稚园教育，他认为，幼稚园教育应优先于小学、小学重于中学，以此类推，越是初级的基础教育，越重要。同时，他也在大阪期间，根据了解的情况、发展南通实业的轻重缓急，为带来日本准备留学的两名学生安排了去处，金生至京都染织学校，徐生至大阪有机纸业及手工纸业工厂学习。他还打算回通后与朋友们商量，集资选派更多的年轻人到日本来学习工业。他反思："执笔论事而悔读书之少，临事需人而悔储才之迟，举世所同，余尤引疚。"

最后，对于大阪，对于日本，他有了一个最初和基本的了解，也抱着客观的态度，给予了中肯的评价，他在日记中记下感想："自来大阪逾半月，见其衢路遗矢者三遗；见某校女学生，以盥水之手，摩男学生之颊二事耳。而未闻妇女诟詈之声，市井哄斗之状。七八岁童子能尽地作画，三四岁小儿亦据地以积木，为铁道桥梁式。得固多于失矣。"

2.3　京都

京都是日本的古都（图 2–55），自公元 794 年桓武天皇定都平安京，直到公元 1868 年明治天皇东京行幸，1871 年东京在日本各府县中顺序排到第一位，从而确立其首都地位，其间约 1080 年间，京都作为日本国都、天皇居住地而存

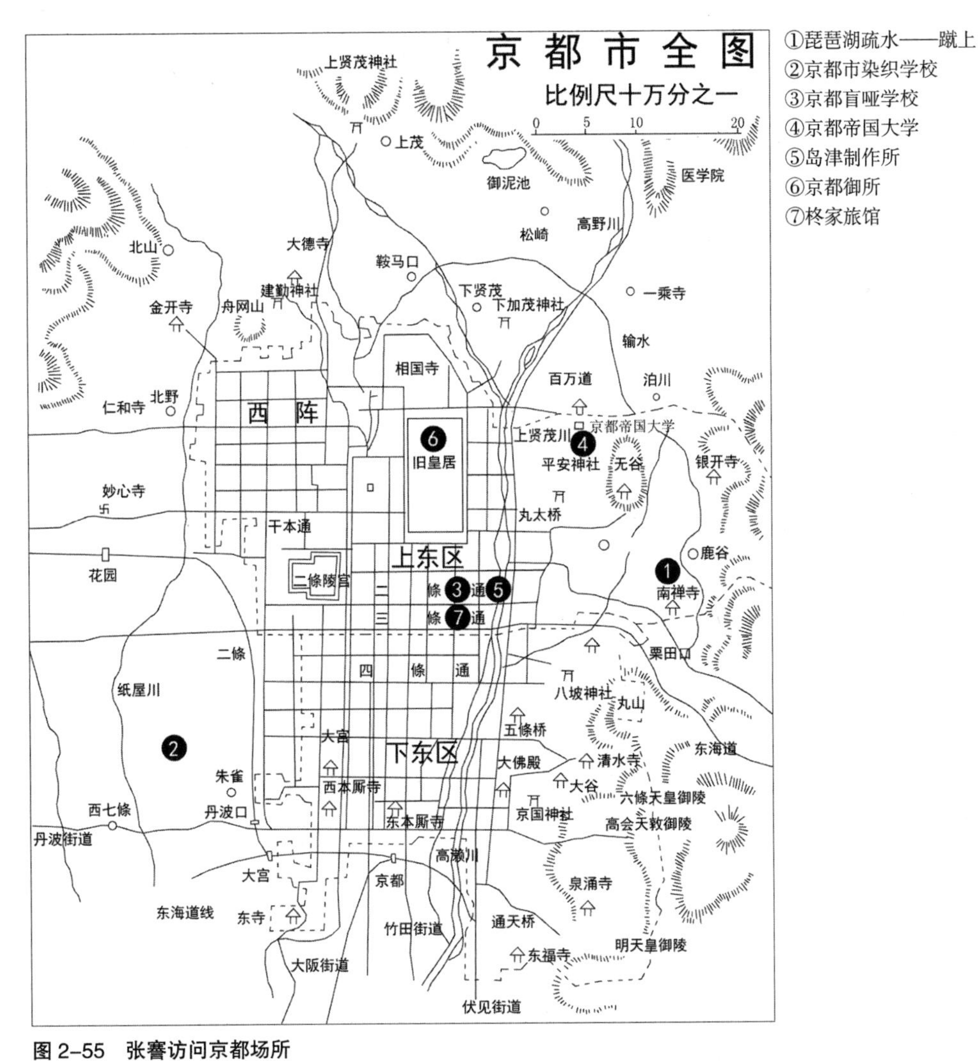

图 2–55　张謇访问京都场所

（资料来源：根据下图绘制：富山房编辑部编 . 京都市全图 [Z]// 袖珍日本新地图，东京：富山房，1903. 1909http:// kindai.ndl.go.jp/info:ndljp/pid/900293）

在。天皇于 1868 年发表诏书，将江户改称东京，被视为将东京与京都并视为首都的“复都论”，京都于 1868 年改称为京都府。虽然天皇给京都府留下了一笔钱，但天皇的离去毕竟令京都人民非常悲伤失望，加上公家办公机构等迁往东京，人口大量流向东京和大阪，产业衰退，城市活力逐渐消失。即便在这个时候，京都人民也没有放弃努力。1869 年，在京都町众的共同努力下，创设了当时先进的住民自治组织“番组”，并以此为基础，设立了日本最初的学区制小学校“番组小学校”，指定 64 所小学。这一创造性活动，为 1872 年国家的学校制度（学制）的创设开了先河。

图 2–56 北垣国道

（资料来源：维基共享资源 http://ja.wikipedia.org/wiki/%E3%83%95%E3%82%A1%E3%82%A4%E3%83%AB:Kitagaki_Kunimichi.jpg）

1881 年，北垣国道（图 2–56）任第 3 代京都府知事，他不但没有把天皇留下的钱分给大家，反而要人们再各自纳一个捐税，加上天皇的钱，用来做了一件大事，即琵琶湖疏水工程建设，目的是解决灌溉、上水道、水运、水车动力等一系列问题，作为京都的劝业政策，期待能够振兴京都经济。1883 年聘任田边朔郎为京都府御用掛负责工程设计，第一期工程 1885 年起工、1890 年竣工，1891 年日本最早的水力发电所——蹴上发电所开始运转。此后，随着 1895 年鸭川运河疏通、京都电气铁道开业等一系列相关工程的完工，第四回内国劝业博览会的成功举办，京都一改落后的形象，在全国成为在近代教育和公共事业中发展领先的城市。

张謇就是在这种背景下来到京都访问的，他们在京都停留了 2 天多，主要参观了琵琶湖疏水工程、学校、岛津制作所和京都御所等处。五月十九日，张謇一行在孙实甫的陪同下，乘汽车来到京都，住在麸屋町柊家旅馆（图 2–57）。然后由孙实甫介绍，认识了岛津源吉。岛津家是从事精密仪器生产的，所以源吉熟悉近代科学和技术，也与学校的人相熟，张謇在京都的访问由源吉引导。

2.3.1 琵琶湖疏水

五月十九日当天张謇前往蹴上考察水利。首先来到蹴上水力发电厂参观。发电厂的水，则是经由疏水工程，从琵琶湖引来的水。张謇详细记录了供水量、水电供电量及所占比例等具体数据。

图 2–57　柊家旅馆

（资料来源：守屋健郎 . 京都 [M] 东京：读卖新闻社，1981：96）

其次观看了蹴上至京都市小川头最低处之船溜（incline），即有轨倾斜式输送设备。船溜的目的是在有高差的两条水运线路上，保持舟运的通畅。为此设计了倾斜的铁轨两道，上面有两个溜架，船从水上来，停靠在溜架上，由溜架拖着上行或下行。两条轨道上的溜架，左面的上则右面的下，反之亦然（图 2–58）。动力装置安放在位于低处的一个小石屋里。这个方法非常便利，是美国技术。张謇以往就听人说起过此事，但是没有实地看到时，总不能完全了解其原理，看过之后就了然了。他认为，在通州的江浦朱家山口如果能使用这种方法，就会带来很大的便利。

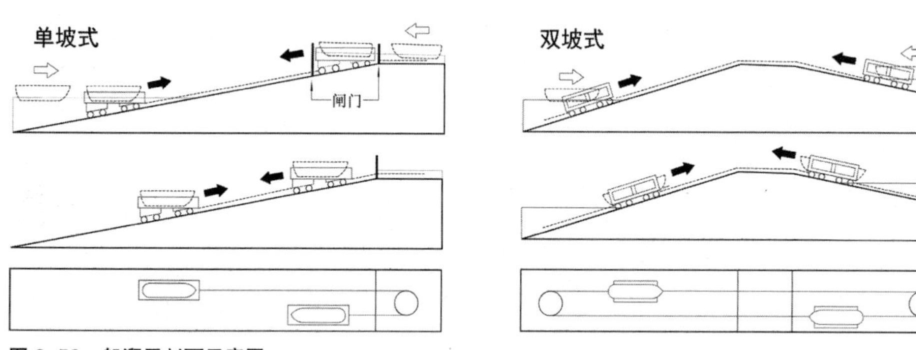

图 2–58　船溜平剖面示意图

（资料来源：根据琵琶湖疏水纪念馆展示图绘制）

最后参观了水力组绳场和棉厂。所有这些用到水的地方，其水皆人工所致。图 2–59 展示了作为琵琶湖疏水工程最主要的几种功用：蹴上水力发电厂是水力发电的设施，南禅寺船溜和安朱运河代表了水运功能，南禅寺栈桥表示取水设施，而大津闸门是整个疏水工程的一个环节的代表。

琵琶湖疏水第一期工程，是一个庞大的系统工程，它是在北垣国道的强有力领导下快速完成的。从筹措资金、谋求立项通过到解决技术问题等，克服了层层阻挠和困难。资金方面，得到来自产业基金、京都府、国费、市债和捐赠等的支持之后，还有不足，于是设立了面向市民的目的税。这在事业创兴之始，遭到很多人的埋怨。但是，随着工程迅速完工，其为京都府城市近代化发展和所带来的便利、为人民用水带来的好处，难以估计。在张謇来访的时候，即第一期工程完工 13 年间，京都府农工商各界纷纷感谢北垣知事，甚至要为其树碑立传。张謇认为，其功劳不在李冰离堆之下，传之百世都应该纪念他。

图 2–60 和图 2–61 均来自田边朔郎的《琵琶湖疏水志》附图。图 2–60 展现了琵琶湖疏水这个庞大的系统工程，在广大的地域空间上的展开。整个工程的起始端是在滋贺县大津市三保崎，从琵琶湖取水，经过大津闸门，沿着山间的隧道、竖坑，穿山越岭逶迤西来，到了蹴上，一路供水力发电、一路供上水道（净水厂、放水口、工业用水等）、一路经疏水分线供灌溉用。图 2–61 表示第一疏水和第二疏水工程，以及鸭东运河、鸭川运河、疏水分线、水力发电（包括蹴上

蹴上水力发电厂

南禅寺船溜

安朱运河

南禅寺栈桥

图 2-59　琵琶湖疏水的主要环节

（资料来源：摄自琵琶湖疏水纪念馆展示图）

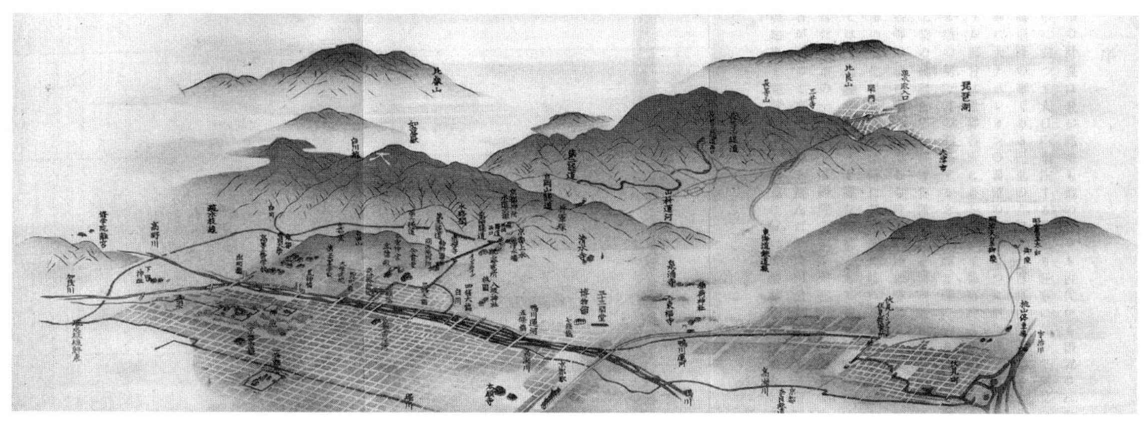

图 2-60　琵琶湖疏水全图

（资料来源：田边朔郎．琵琶湖疏水志 [M]. 东京：丸善株式会社：扉页）

发电所、夷川发电所和墨染发电所）等共同构成的京都市供水与用水设施综合系统。图 2-62 表明了构成该系统的所有环节。图 2-63 表示第一疏水完成后，京都水运系统得以改善的情形。

尽管最初北垣国道决定开削琵琶湖疏水工程的目的是灌溉、上水系统、水

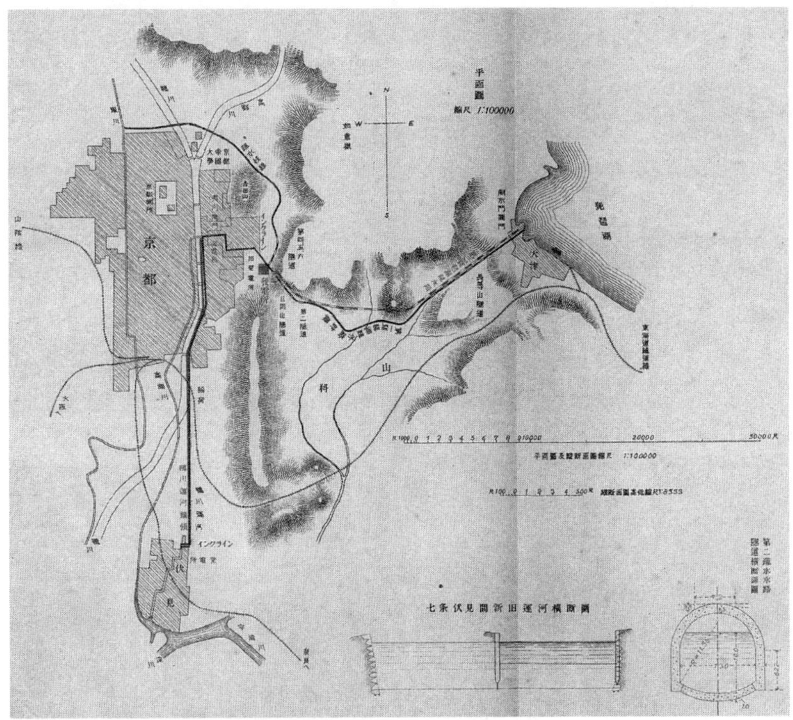

图 2-61　琵琶湖疏水示意图
（资料来源：田边朔郎 . 琵琶湖疏水志 [M]. 东京：丸善株式会社：203）

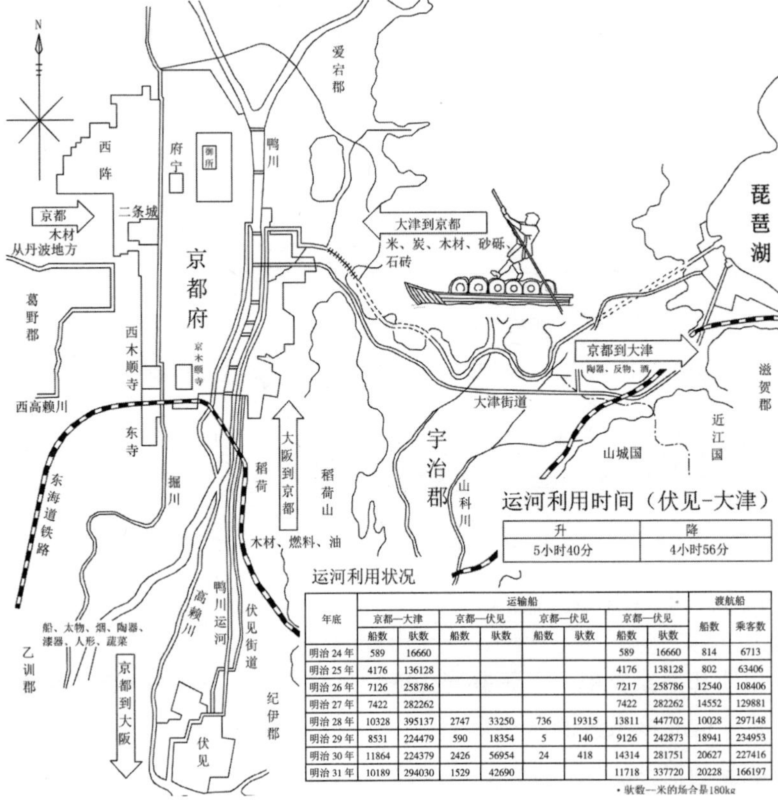

升	降
5小时40分	4小时56分

运河利用状况

年底	运输船								渡航船	
	京都—大津		京都—伏见		京都—伏见		京都—伏见		船数	乘客数
	船数	驮数	船数	驮数	船数	驮数	船数	驮数		
明治 24 年	589	16660					589	16660	814	6713
明治 25 年	4176	136128					4176	138128	802	63406
明治 26 年	7126	258786					7217	258786	12540	108406
明治 27 年	7422	282262					7422	282262	14552	129881
明治 28 年	10328	395137	2747	33250	736	19315	13811	447702	10028	297148
明治 29 年	8531	224479	590	18354	5	140	9126	242873	18941	234953
明治 30 年	11864	224379	2426	56954	24	418	14314	281751	20627	227416
明治 31 年	10189	294030	1529	42690			11718	337720	20228	166197

• 驮数—米的场合是180kg

图 2-63　第一疏水完成后的京都水运系统
（资料来源：根据琵琶湖疏水纪念馆展示图绘制）

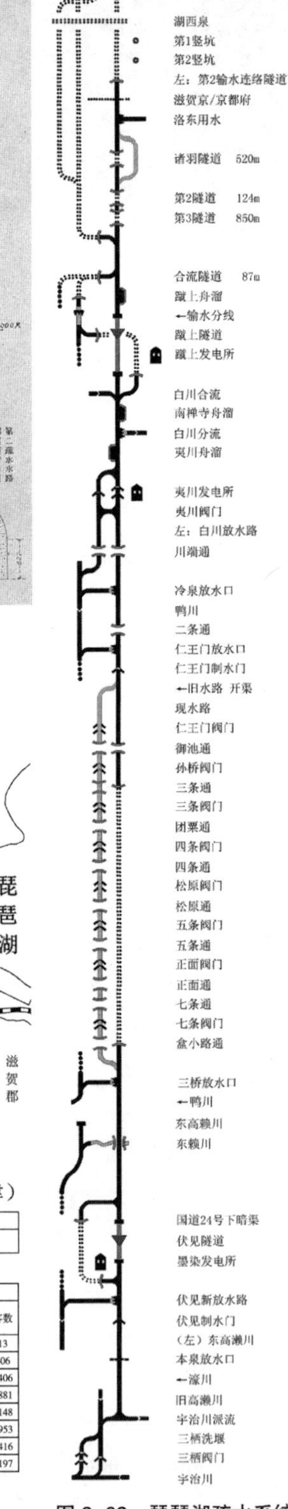

图 2-62　琵琶湖疏水系统示意图
（资料来源：根据维基百科绘制）

运和水车动力，在田边朔郎到美国访问考察后，根据最新的技术以及京都市不适于水车动力的情况，计划修改为利用引过来的水，设立更实用的水力发电厂，从而可以为城市各行各业提供“电力”这种新型动力。随着这个崭新思路的拓展，于 1895 年开设了“京都—伏见”间的、日本最早的电气铁道——京都电气铁道（京电）。

随着电力供应的出现，原计划中在冈崎公园周边形成利用水车动力推动的工业团地，改为以电力为基础的工业团地。而随着电力应用的推广，出现了电力不足的问题。加上要构筑近代上水系统，则原先所引水量不足。于是，在第一疏水成功的激励下，1906 年开始了包括第二疏水、上水系统整备和道路扩筑基础上的市电敷设在内的京都市“三大事业”。一系列的城市基础设施规划得以顺利展开，京都市成为日本领先的近代城市。

直到今天，琵琶湖疏水及其后续事业，仍为京都市人民的生活提供着巨大的便利和不可替代的水资源：每年有 2 亿 t 的水从琵琶湖，经由第一和第二疏水来到京都市，为市民提供饮用水、发电用水、疏通水系的用水，以及御所等文保单位的消防用水等；而因技术原因已放弃使用的一些疏水设施，现在成为价值很高的近代化遗产。

图 2-64 详细标明了从北垣国道的疏水计划《起工趣意书》（1883 年）开始，如何演变出一系列的变化，历经第一疏水、三大事业，整个过程发人深省。张謇所见的是第一疏水完成时的情形，作为由日本人独立完成的系统工程，对他在南通所领导的“中国近代第一城”规划和建设，无疑有着深刻的启发和影响。

2.3.2　学校与教育

五月二十日，源吉陪同张謇到染织学校参观，在校长金子笃寿的引导下，参观了各教室、工场。张謇当面跟他协商安排金生留学的事情，立刻答复 4~5 天后可议定，请源吉转达。又前往盲哑院参观。张謇仔细考察了对盲者和聋哑者的

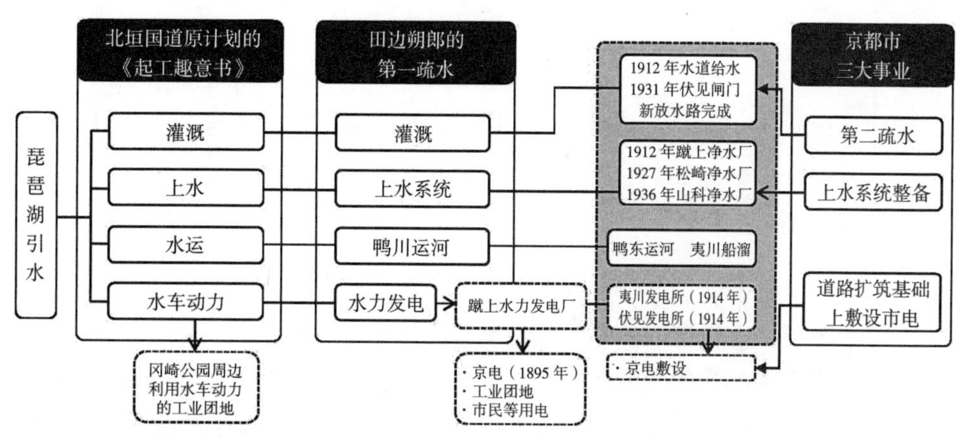

图 2-64　琵琶湖疏水相关事业演变分析
（资料来源：自绘）

不同培养内容、方法，以及教师配置情况。对于学生的表现，张謇非常满意，还给予他们奖励。并按照惯例，为该院捐款。张謇认为对于“无用之人”，日本人还给予非常好的养育环境，并有针对性的教育，使得他们能够成为对社会有用的人，这一点非常值得称许和学习。回通之后，在实业发展有一定积累之后，张謇也成立了特种教育机构，如 1915 年在博物苑内设立聋哑学校师范科，开中国聋哑特种教育之先河；1916 年设狼山盲哑学校，是中国第一个有独立设施的盲哑学校（图 2-65）。

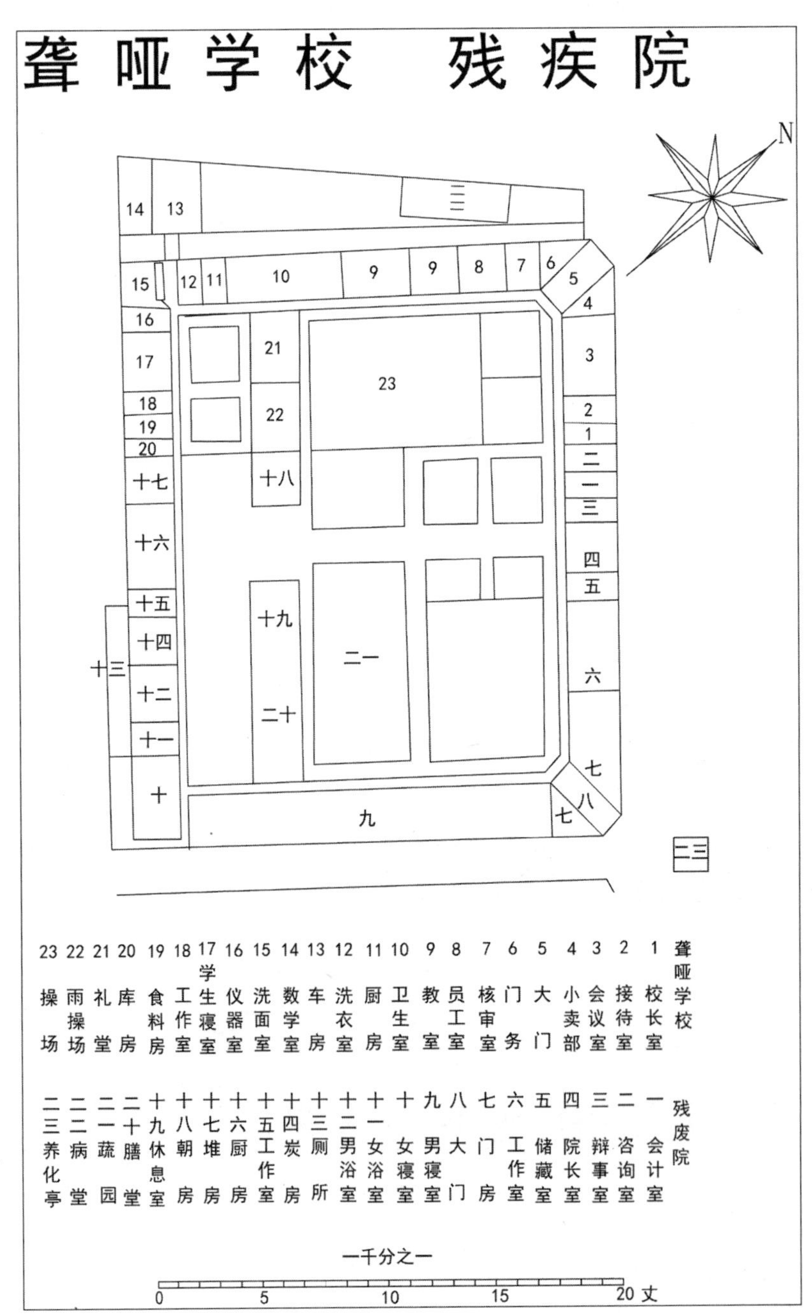

图 2-65　狼山聋哑学校

（资料来源：根据范铠．民国南通县图志 [M]. 南京：江苏古籍出版社，1991 绘制）

“午后抵大学院（即现在的京都大学），略观设置大概即返。”（日记）大学院并非张謇的主要考察对象，因为此时他所创办学校，以幼稚园、小、中学等基础教育为主，为此首先设立了培养老师的师范学校。

另一方面，他对工业、农业、商业等专门学校兴趣更大，切合南通和中国实业尚处于创办初期的实际情况。根据日记，后来，当张謇到东京访问的时候，也没有专门去东京大学参观的记载。但是根据作者推测，应该是参观过的，至少是非官方地游览，因为其在东京的旅馆，距离东京大学校园非常近，就是平日散步也能到达的，而且，张謇在东京有好几日都因治齿而没有正式访问活动。

2.3.3　岛津制作所

岛津制作所位于京都木屋町二条南（图 2–66），是研制精密仪器的企业，1875 年由初代岛津源藏（1839~1894 年）创立，最初主要从事理化学教育器械的研制。自明治 10 年开始，日本政府重视学校的理科教育，而从国外进口的产品非常贵，一时间非常缺乏便宜的、可供学校使用的器材，于是包括岛津在内的几家公司为教育器材的国产化进行努力（图 2–67、图 2–68）。

京都府学务科长原田千之介提议为启发科学思想，制作氢气球。1877 年，岛津制作所承制的有人氢气球升空成功，是日本首次进行该项试验，此后源藏知名度大幅提升。

二代目的源藏（1869~1951 年，本名梅次郎，初代源藏的长子。父亲去世

图 2–66　木屋町本店与河源町工场

工场外观（1903 年）

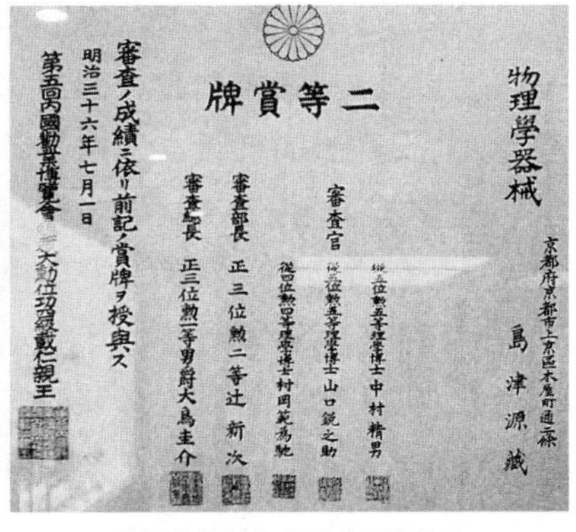

物理學器械

島津源藏

二等賞牌

審查官
理學博士 中村精男
理學博士 山口鋭之助
理學博士 村岡範為馳

審查部長 正三位勲二等 辻新次

審查總長 正三位勲一等男爵 大鳥圭介

審査ノ成績ニ依リ前記ノ賞牌ヲ授與ス

明治三十六年七月一日

第五回内國勸業博覽會總裁 大勲位功二級 載仁親王

物理学器械获大阪劝业博奖励

轻气球飞扬

图 2-67　岛津制作所

（资料来源：京都岛津制作所记年资料馆展示资料）

后袭用父名源藏，继承家业），继承父亲的遗志，继续制作理化学器材。1895 年教育用人体模型、鸟类标本等制造、贩卖开始；1896 年，与第三高等学校（京都大学前身）的教授村冈范为驰一起研究日本首次 X 射线摄影成功，次年教育用 X 射线装置商品化；1897 年开始制造蓄电池等，都是急需国产的先进科技或实验器材。岛津制作所在二代目源藏的领导下发扬光大，在历次日本内国劝业博览会上屡获大奖。1930 年二代目源藏成为日本十大发明家。

在京都引导张謇等参观各学校、机关的源吉（1877~1961 年）是初代岛津源藏的次子，继兄长之后成为岛津制作所的第二代社长。主要从事空气气体发生器、感应发电机改良等方面的研究，有特许 28 件、登录实用新案 27 件。1908 年将岛津制作所迁往东京，与中央省厅密切联系，将该所的事业扩大到全国各地。

岛津制作所的业务，从创办之始便与日本近代科学技术和近代教育的普及与发展息息相关，伴随着国家的发展而不断调整自己的研究方向和产业结构。由于始终引领技术发展的潮流，这种精神，是保证其事业发达的基础。直至今天，岛津制作所仍然代表了日本科学技术的最高发展，是精密仪器研制行业之翘楚。2002 年，岛津制作所的化学家、工程师田中耕一因其“开发出鉴定生物巨量分子质量分析的脱付游离法”而获得诺贝尔化学奖。

图 2–68　岛津源吉像

（资料来源：京都岛津制作所记年资料馆展示资料）

2.3.4　京都御所

五月二十日，张謇还持劝业博的优待券游览了京都御所，这是本次访日行程中几乎唯一的一次与教育、实业无关的游览，而且还是劝业博附带的。在京都御所，张謇看到“殿不瓦，累木片厚尺余盖之，气象亦宏。然以比汉天子之闲馆珍台，赵官家之寿山艮岳，相去远矣。”（日记）以此评论中日皇家居所的奢靡与简朴，反映了他注重事业发展，不看重生活铺张的一贯作风（图 2–69）。

图 2–69　京都御所模型

（资料来源：维基共享资源 http://ja.wikipedia.org/wiki/%E3%83%95%E3%82%A1%E3%82%A4%E3%83%AB:Scale_model_of_Kyoto_imperial_palace.jpg）

2.3.5 小结

京都不是张謇此次访问的重点城市，这点在停留时间上有所反映。然而，京都这个城市，承担了日本千余年来的历史积淀，又在天皇迁都后奋发图强，在教育、科技、市政、慈善等各领域开拓出领先全国的近代化事业，给张謇留下了深刻的影响。对于历史上各方面并不发达的近代南通来说，京都能够给予它的启示，在于人民能自立，利用自己的力量来发展近代教育，用先进的科学技术为城市的未来奠定基础（图 2–70）。

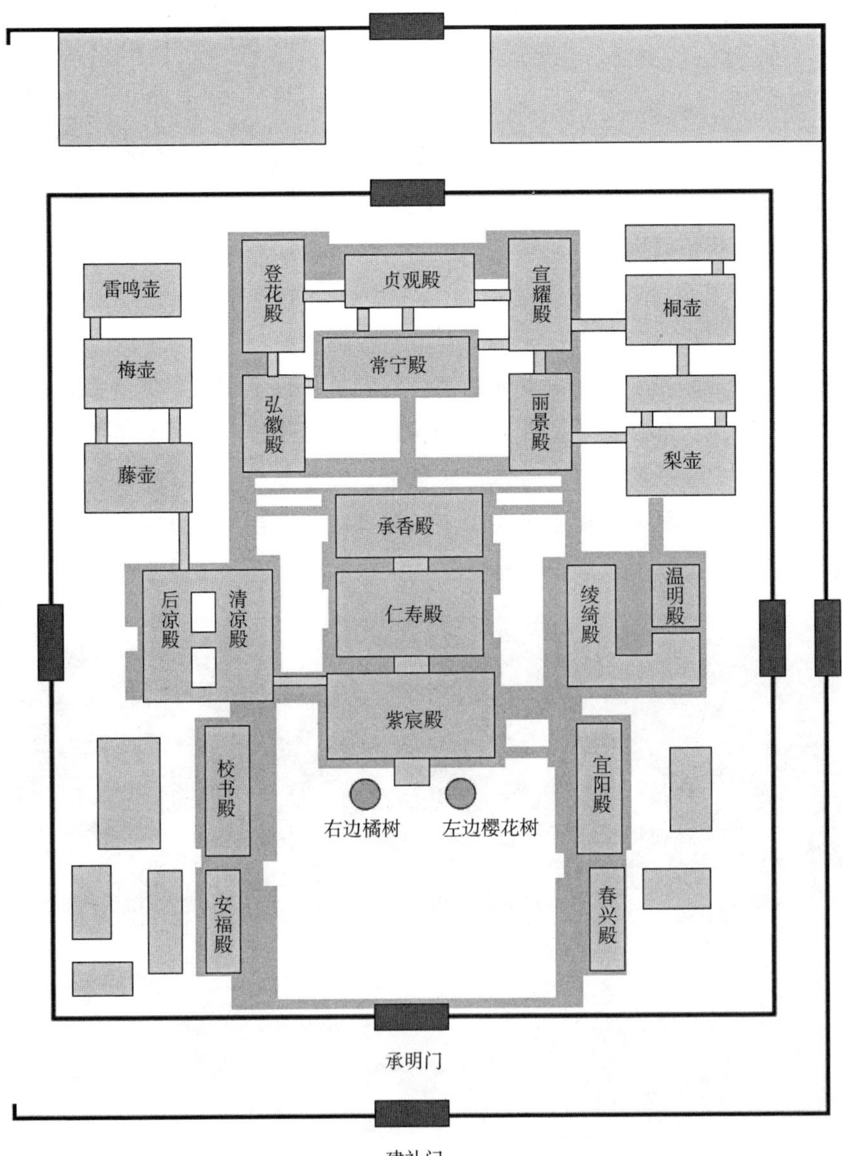

图 2–70　京都御所的七殿五舍平面图

（资料来源：维基共享资源 http://ja.wikipedia.org/wiki/%E3%83%95%E3%82%A1%E3%82%A4%E3%83%AB:DairiPlan.png）

2.4　名古屋—静冈

2.4.1　名古屋

五月二十一日，张謇一行从京都出发来到爱知县的名古屋，持小山健三写的介绍信投宿于富泽町二丁目支那忠旅馆。二十二日早八时，张謇等即来到名古屋商业学校，拜访了校长市村芳树和教谕斋藤清之丞。该校大门楼上写着“世界我市场”，而且门外设一个椭圆形小池，池中用沙土的凹凸来表示地球和海陆，表达了校方豪迈的办学理想，希望学生毕业后能帮助国家的商业遍于五洲。张謇详细记录了学校的教学安排、实验设备、用于教学的商品陈列物等。在访问过程中，张謇发现校规中特别重视“信用和服从”这两条，而这正是日本商业所缺乏的。张謇认为校方的办学理念非常正确。

中午离开名古屋，又收到小山派人送来的前往静冈的介绍信。途中经天龙、大井两河之间，看到农田耕种很有法度，比其他地方整饬。

2.4.2　静冈

五月二十二日下午四时，张謇一行抵达静冈，晚上就有商业学校的校长冈田祯三前来拜访，他也是小山的朋友。二十三日，冈田引导张謇一行参观了静冈商业学校。知道张謇等人还将前往北海道参观访问，冈田愿意为他们介绍札幌北海道拓殖银行的宇佐美敬三郎。

后又参观了安东村的造纸工场，随后乘汽车到了江尻场吉川作之助的造纸工场参观。这两个造纸厂都是用旧法造纸，参以机械法。张謇仔细考察了造纸方法，了解日本制造和使用改良纸张的情况。

经过约一个月在日本的考察，张謇认为，“以中日大概风俗论，日人致而中人纻，日人褊而中人廓。利弊各有相因者也。”

第3章　关东——政治与教育

日本关东地方，以东京为主，因此，本章把张謇访问的东京和横滨两个城市放在一起论述。张謇在关东的考察，滞留时间、到访机构等都没有关西地方多。究其原因，第一，本次访问以大阪第五回内国劝业博览会为主题，所以在大阪停留时间最长；第二，关西地方发展，与中国和南通当时的发展程度更为接近。然而，东京是当时日本的首都，一方面集中了国家机器，能够访问到制定国家政治、经济和教育政策的政治家和教育家；另一方面，其近代化事业，尤其是文化事业，在整体上代表了国家的最高水平。因此，对于张謇东京考察的梳理，以政治和文化为主要线索，以对人员的访问为主要内容（图 3–1）。

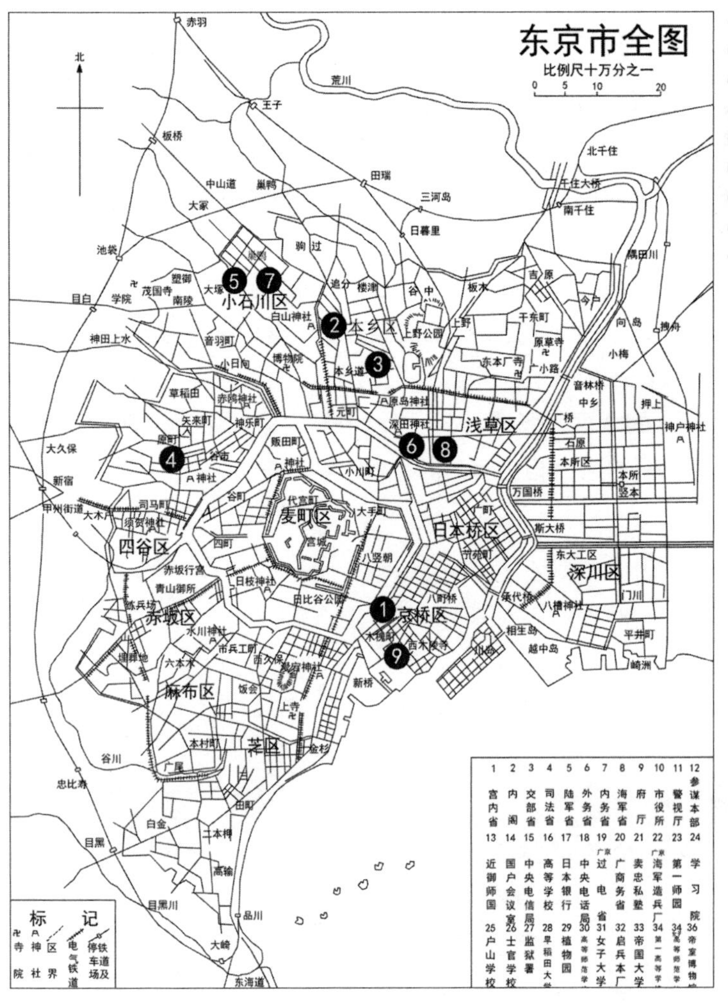

❶ 清静轩
❷ 本乡馆
❸ 东京帝国大学
❹ 弘文学校、成城学校
❺ 东京高等师范学校
❻ 女子高等师范学校
❼ 高等工业学校
❽ 活水好大学
❾ 筑地活版印刷

图 3–1　张謇访问东京场所
（资料来源：根据下图绘制：东京市及接待郡部地籍地图 [M]. 上卷 . 东京：东京市区调查会，大正 1（1912），保护期间满了 .http://kindai.ndl.go.jp/info:ndljp/pid/966079）

在东京，张謇主要访问了竹添进一郎和他的女婿嘉纳治五郎，还拜访了长冈护美子爵等政治家。由嘉纳介绍和引导，考察学校包括嘉纳任校长的东京高等师范学校，及其附属小学和幼稚园；高等女子师范学校；到弘文学校和成城学校访问了中国留学生及监督；参加嘉纳专门举办的中日教育界交流会，满足了他希望全面了解日本教育的愿望。

3.1　政治家 · 教育家

3.1.1　竹添进一郎（1842~1917 年）

日本汉学家，名渐鸿，号井井，多称之为竹添井井（图 3-2）。历任日本驻北京公使馆官员、天津领事、朝鲜常驻公使等外交官职。辞官后在东京大学讲授汉学。主要著作有《栈云峡雨日记》、《纪韩京之变》、《左氏会笺》、《毛诗会笺》和《论语会笺》等。

图 3-2　竹添进一郎

（资料来源：http://www1.odn.ne.jp/ohyano-kankou/01kankou/takezoe.htm）

1882~1883 年间，张謇当时任吴长庆军幕，随吴军入朝鲜平定壬午之乱，与继任的日本驻朝鲜公使竹添相识于朝鲜。一边，张謇在此次平乱中表现出的卓越才能为吴长庆所欣赏，在给张树声的书信中说："临时则赖张季直（张謇字季直）赴机敏决、运筹帷幄、折冲尊俎，其功自在野战攻城之上。"张謇在本次朝鲜事务中的表现，以及代吴长庆所拟"代吴长庆拟陈中日战局疏"（1882 年）、"代某公条陈朝鲜事宜疏"（1885 年）等文，得到翁同龢等人的欣赏，自此以至 1894 年大魁天下，逐步参与到清廷高层政局中。然而国势衰退，让他最终下定决心回乡筹办实业与地方事务，以求实业救国。

另一边，竹添进一郎 1880 年出任天津领事，在处理琉球事件过程中，与李鸿章、张之洞等清廷大员交游，竹添诗文之名渐高。壬午之乱之后，竹添于 1884 年主谋了朝鲜的甲申政变，失败后因责任问题丢官去职，从此离开政坛，专心研究学问、著书立说。曾在东京帝国大学讲授经书，1914 年以对春秋《左传》之研究，荣获学士院奖及文学博士学位。

纵观张謇与竹添作为个人，随着各自国家的发展与衰退而进出政坛、相向的人生轨迹，不能不令人感叹。在 1903 年重逢于东京的那个时刻，两人心中的感慨也是起伏万千吧。张謇由学问而仕、因国势衰败而投笔从商；竹添则反之，由官而悠游、国势盛时个人去职，从此潜心学问。在朝鲜相见时张謇代表胜利的一方，而此时则虚心前往竹添的国家，学习教育与实业发展方面的经验，国事、家事、天下事，均激烈动荡，这也正是近代中国的写照。

张謇在日记中表露了此时的心情起伏、感慨万千：“岁月骎骎，已二十年，彼时余方三十。马山、水原行军之旌旗，南坛汉城驻节之幕府，闭目凝想，犹若见之。而国势反复，殆如麻姑三见东海为桑田矣，可盛慨哉！”

3.1.2 嘉纳治五郎（1860~1938年）

嘉纳治五郎是竹添进一郎的女婿（图3–3）。他是日本著名的教育家，而且他是讲道馆柔道的创始者，提倡“精力善用”、“自他共荣”，被称为“柔道之父”和“日本体育之父”。嘉纳历任第一高等中学校校长、东京高等师范学校校长、日本体育协会第一代会长、国际奥林匹克委员会委员，文部省参事官、普通学务局长、宫内省御用掛，是贵族院议员。

图3–3 嘉纳治五郎
（资料来源：讲道馆藏品，1887年，维基共享资源 http://ja.wikipedia.org/wiki/%E3%83%95%E3%82%A1%E3%82%A4%E3%83%AB:Kano_Jigoro_age_28.jpg）

另外，他还致力于招收中国留学生，在东京弘文书院得以实现。本次随张謇同船来到日本的章静轩就是在弘文书院就读。另外，我国著名文学家鲁迅先生在弘文书院学习时，就是嘉纳的学生。

自张謇抵达东京后，嘉纳先派人来旅馆联系，安排与竹添、嘉纳会见事宜。请张謇至家中会面。会面时请张謇告诉他本次调查教育的宗旨，以便于安排参观等事宜。张謇说：“学校形式不请观大者，请观小者；教科书不请观新者，请观旧者；学风不请询都城者，请询市町村者；经验不请询已完全时者，请询未完全时者；经济不请询政府及地方官优给补助者，请询地方人民拮据自立者。”（日记）在张謇从北海道访问回到东京后，嘉纳通过引导他们参观学校、参加教育界游园活动、介绍能解说日本教育变迁的田中不二磨等人给张謇认识等方式，协助他尽快获得所需资讯和意见，殷殷可感。

3.1.3 其他

嘉纳为使张謇以及其他前来日本考察教育的人能够方便地了解日本教育界情况，特别在闰五月二十四日在小石川区理科大学附属的植物园举办了一次聚会，邀请了很多日本教育家前来。张謇在游园会上向枢密顾问官田中不二磨请教日本创兴教育之事。田中说，教育的目标是开启亿万人的普通教育，并非以培养三数个拔尖人才。又说国家的富强不在于兵强，而在于教育的普及，张謇认为这些已是大家公认的常识了。但是，田中谈到日本明治初年，派遣500名留学生到欧洲学习实业，回国后都在自己所学科目领域里工作。至20世纪初，

东京市眺望之图

（资料来源：日本名胜写真图谱略说，明治 34 年，保护期间满了 .http://www.ndl.go.jp/scenery/data/466/index.html）

日本桥街道

（资料来源：东京风景，小川一真出版部，明治 44 年公开范围，保护期间满了 .http://dl.ndl.go.jp/info:ndljp/pid/76416）

东京帝室博物馆

（资料来源：最新东京名所写真帖，小岛又市，1909，保护期间满了 .http://kindai.ndl.go.jp/info:ndljp/pid/763843）

从新桥看银座通

（资料来源：东京名所写真帖 刊行年　明治 43（1910 年）保护期间满了

图 3–4　张謇所见东京近代城市面貌

日本国内各行业的领军人物，都是当日的留学生。张謇认为，这一点值得中国政府虚心学习。田中不二磨本人当年担任文部大辅，就曾亲自到美洲调查教育，也去过欧洲，所以见识毕竟广博，能够对办教育的事情言之成理。张謇说："其所以能大著成效者，则明白此事之人，即举办此事之人也。"这一点，其实是对清政府的不满。1901 年，在代张之洞所拟奏折《变法平议》中，张謇就曾强烈建议清政府派学生到欧美日各国学习，回国后到相应部门担任职务，学以致用。但是，这个著名的奏折虽然在拥护"实业救国"的人士中广受好评，却并未获得清政府的支持，因此，才有了 1903 年的这番感慨吧（图 3–4）。

另外，张謇在东京还会见了长冈护美子爵、岸田吟香、永阪周二等人，长冈协助张謇找到他希望阅览的日本文部省自明治初年至明治 25 年的各种教科书。他们都是喜欢与中国人交游、愿意提供帮助的政治家和教育家。

3.2 学校教育

3.2.1 弘文学院、成城学校

张謇于闰五月初三日，到东京弘文学院和成城学校访问中国留学生，同船来日本的章静轩，以及洪俊卿两名学生就读于成城学校。弘文学院是中国政府开办的学校，为由南京来的中国留学生做预备学校。经过了解，知道成城学校的食宿最为艰苦、功课最多，而留学生的名誉，也最好。张謇是一个吃过苦的人，他非常赞同学生能吃苦，才能好好学习。在访问日本的学校时，也一再比较中日两国学校中学生的生活条件，认为日本学生条件比中国差多了，但是学习的认真程度和所取得的成绩却更好，这一点也证明了他的想法是正确的。

张謇认为以往留学生都喜欢学习政治、法律，是由于这种学科回国后易于做官；而如果学习农工实业，则学习时要更花费精力在理化等功课上面，但是对个人未来的发展又没有前面两种更便捷，何况国家也没有政策措施予以鼓励。先前张謇与朋友汤寿潜曾经讨论过此事，认为中国当时兴办学校的原则，应该是“普通重于专门，实业亟于明哲”，而世人也慢慢有所响应。所以，他非常高兴看到越来越多的留学生有志于学习实业。张之洞、张謇等人坚持“实业救国”的思想，并在实践中身体力行。

3.2.2 东京高等师范学校

闰五月二十二日，张謇按照约定，到嘉纳治五郎任校长的东京高等师范学校参观（图 3–5）。为培养学生将来能做个有真本领的老师，而不是仅仅凭口舌来空谈的老师，学校有专门教授金工、木工、陶工和漆工的手工教室，将来做了老师才能培养学生从事实业和发明创造。该校直属机构包括寻常师范学校和中学校，附属机构包括寻常高等小学校（图 3–6、图 3–7）和单级小学校，可以作为师范生练习教课和管理的实习场所。学校的规划具有系统性和整体性。

张謇认为，东京高等师范学校、中学校，及师范所附属的高等小学校、单级小学校，这个体系是“脉络贯通，义类周匝，可谓有本末表里者矣。师范者，兴学之本。我国民而有幸福也，戊戌后宜有官立师范学校，否则庚子后必有之，何致使我二十二省之人，上者有七圣迷方之叹；下者有群盲揣日之哗”（日记）。对于师范学校的作用，张謇实际上早就认识到了，在 1901 年 2~3 月写成的《变法平议》中，他就谈到需普兴学校、学堂先学画图；1902 年 2 月，在谋求促成官办师范学校不成的情况下，毅然决定自筹资金，创立民办师范学校——通州师范学校，目的是为普及国民教育提供师资。虽然，通州师范学校办校早于张謇访日，但是在其后续的建设中，逐步落实了在日本访问所得的信息和启示。在通州师范学校的建设过程中，即借鉴了日本的教室尺寸等，并根据当地气候习惯予以

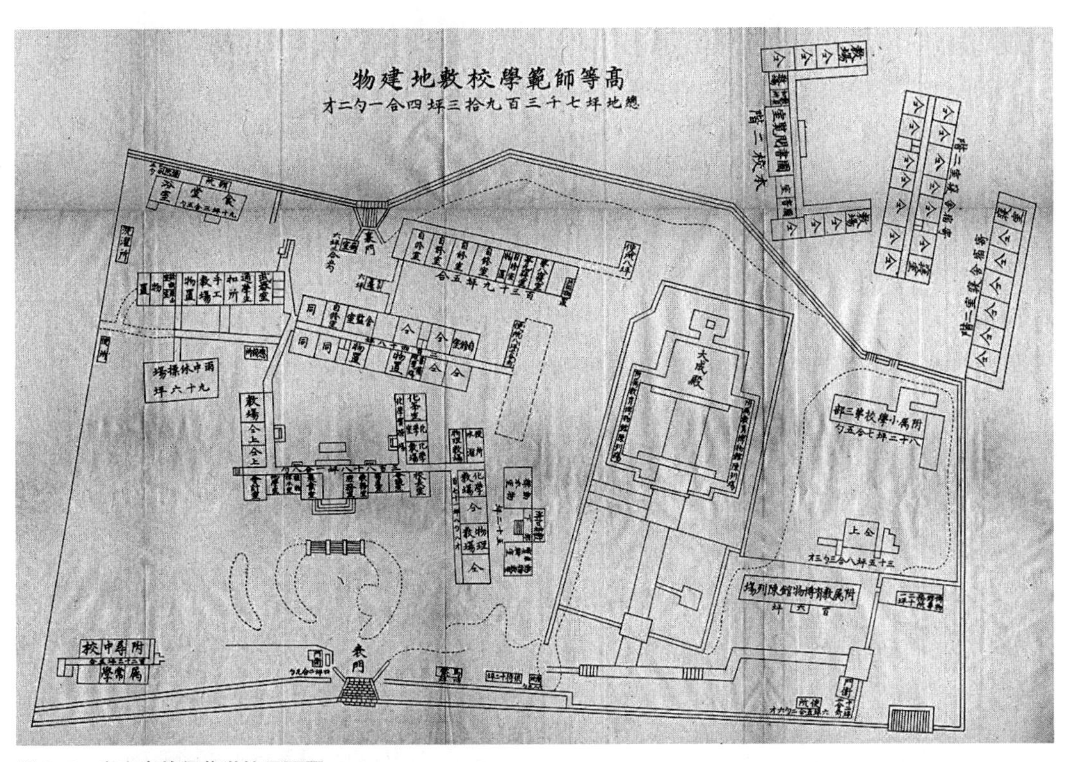

图 3–5 东京高等师范学校平面图
（资料来源：高等师范学校 . 高等师范学校一览 [M]. 东京，明治 31–32 年）

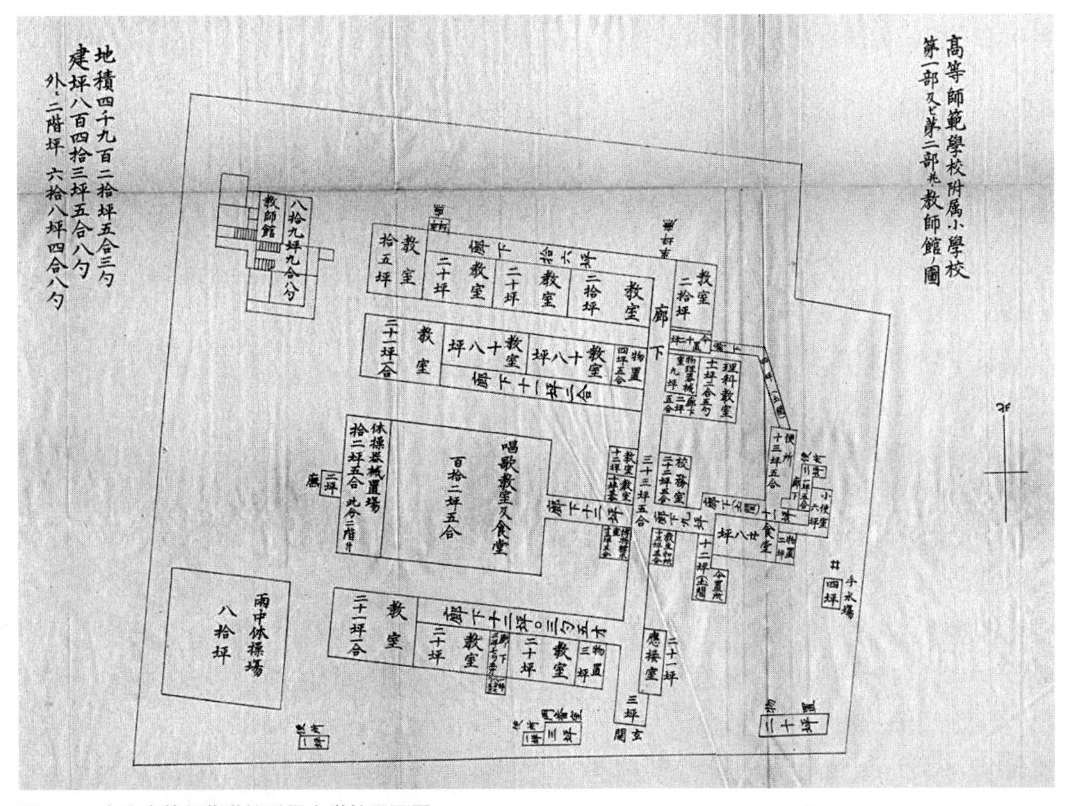

图 3–6 东京高等师范学校附属小学校平面图
（资料来源：高等师范学校 . 高等师范学校一览 [M]. 东京，明治 31–32 年）

变通，即“师其意而参以习惯”（全集，1994，第四卷:16）。至1904年，逐渐形成了包括附属工科教室和初、高等小学各一的规模。

随后，张謇又详细阅览了该校及所属中、小学校使用的教材，考察日本的教材，也是本次张謇访日的一个大的目标。该校使用的教材是经文部省审定的教材，理化书用欧洲书，修身、历史、地理及农学等有使用中国古代书籍的情况。但是，特别提到，至1903年时，农学方面已经不用中国古籍，改用欧美的书了。张謇感叹，“国势弱则前古人与后来人并受其累”（日记）。近代日本人普遍存在着对古代中国的崇拜，和对近代中国的蔑视，从张謇的经历中可见，随着对近代中国的蔑视，和对西方科学技术的向往，连带着古代的中国也被逐渐漠视。

图3-7 高等师范学校

3.2.3 东京高等工业学校，手岛精一

闰五月二十三日，张謇来到东京高等工业学校参观（图3-8、图3-9，表3-1），与校长手岛精一（1850~1918年）进行了交谈。东京高等工业学校的前身是创办于1881年的东京职工学校，其目标是为国家培养制造现场及工业教育的指导者，开始时设化学工艺科和机械工艺科两个科目。1929年改称东京工业大学。

当前，该大学的长期目标为“建成为世界顶尖之理工系综合大学”，以“培养具有创造力的国际领导者”和“形成不断进化的创造性教育”等。2006年4月，该校研制出日本国内最快的超级电脑（TSUBAME，2007

东京高等工业学校本馆（1902年）

（资料来源：http://www.titech.ac.jp/about/introduction/album_history.html）

东京工业大学正门（1938年）

（资料来源：http://www.titech.ac.jp/about/introduction/album_history.html）

东京工业大学校园内手岛精一像

（资料来源：http://art22.photozou.jp/pub/630/162630/photo/29113816_624.jpg）

图3-8 东京高等工业学校及东京工业大学

TSUBAME 为校内外提供服务一览　　表 3–1

校内使用者	校外使用者	民间企业使用者	海外研究者	校际大规模共同研究	东工大教员的共同研究
↓	↓	↓	↓	↓	↓
	TSUBAME 共同利用	先端研究施设共同促进事业	国际共同研究	校际大规模情报基盘共同利用——共同研究基础事业	基于竞争的资金或共同研究合同的研究
↓	↓	↓	↓	↓	↓

年 6 月日本第一位、亚洲第一位），而这一系统是日本国内首次由本科学生研究和创造出来的，目前可供校内人员自由使用、校外人员有偿使用。利用此超级电脑所进行的教育教学活动 Supercomputing Programming Contest 也非常有名。这是在该校长期的实业教育、创造性教育理念下培育出来的（详见 http：//www.gsic.titech.ac.jp/tsubame）。

图 3–9　TSUBAME 为校内外提供服务一览

（资料来源：根据网站资料绘制 http://www.gsic.titech.ac.jp/tsubame）

1903 年张謇所见到的校长手岛精一被称为日本“工业教育的慈父”，是日本著名的教育家。他 1870 年去美国留学，学习建筑学和物理学。在岩仓使节团[①]访美时，随行做翻译，陪伴游至欧洲，最终在英国完成学业，1874 年回国。1875 年担任东京开成学校（东京大学前身）监事。1881 年任教育博物馆馆长，为开启民众的启蒙教育作出了贡献。1886 年发表《实业教育论》，为井上毅文部大臣时代（1893~1894 年）的实业教育法制的理论奠定了基础。

首先，在日本明治政府“求知识于世界”的思想指导下，全面推行学习西方

① 岩仓使节团是日本政府于明治 4 年（1871 年）派出访问欧美各国的使节团，2 年后返回。由岩仓具视担任正使，团员包括政府首脑和留学生共 107 名（其中派出留学生 43 名）。使节团的目的有 3 个，第一，访问已缔结条约诸国，向对方元首递交国书；第二，为修改江户时代后期同诸外国所签署的不平等条约，进行预备交涉；第三，调查西洋文明。

该使节团访问了美国、英国、法国、比利时、荷兰、德国、俄国、丹麦、瑞典、意大利、奥地利、瑞士等国。归国途中还访问了欧洲各国的殖民地如新加坡、西贡、香港、上海等地。考察了各国的工厂、矿山、博物馆、公园、股票交易所、铁路、农场和造船厂。考察让日本官员认识到，当时的日本不仅需要引进新技术，更要引进新的组织和思维方式。成员们认识到日本与先进国家差距很大，并对如何改革达成了共识。回国后积极从事各项改革和近代化建设，并向海外派出更多的使节团进行细致的考察。

派遣该使节团是由大隈重信提议的，是含有政治意图的大规模的外交使节团，在日本近代史上，是作为政府高层人员长期离开国家、出外游学的一个异例。评价认为，使节团直接接触了西洋文明的思想、受到他们的经验影响。所派留学生归国后活跃在政治、经济、教育、文化等各种领域，对日本的文明开化作出了积极的贡献。（根据维基百科编写）

的政策，将“富国强兵”、“殖产兴业”、“文明开化”作为教育改革的指导思想，试图系统发展本国的国民教育。手岛认为：“欧美各国取得今天这样开明富强的成果，查其原因，固非单一，但主要原因在于工业技术之发达。工业技术发达的主要原因在于实业教育之设施”。他强调作为“殖产兴业”基础的实业教育的重要性（李伟，2012）。

其次，手岛精一认为，基于日本的现状，所设实业教育种类不宜过多，可设手工科教育的小学校、徒弟学校和女子学校。而这些虽以“学校”命名，但可以根据各地的实际情况，用“讲习所”或“授产所”的名义讲授实业知识。重要的不在于形式，而在于具有实业学校的性质，以及对民众进行学理上的教育来不断充实实业教育。

第三，在理论上，手岛精一发表了三篇著名的论文，阐述自己的实业教育理论。1882 年的“职业教育论”、1886 年的“实业教育论”和 1890 年的“技艺教育论”，分别阐述了职业教育、实业教育和技艺教育的概念，形成了“小学校的手工科教育论”、“女子职业教育论”和“工业补习教育论”等一系列独具特色的工业教育理论，标志着手岛精一工业教育理论体系的形成。其中，“手脑并用”、“服务于社会”、“做与学合一”和“教育与产业相结合”的教育思想，即使在今天，也发挥着重要的作用。

张謇在访问中与手岛精一相谈甚欢，非常遗憾由于时间的关系而“不能从容咨访，不能罄吾心之所问也”（日记）。手岛的教育思想，包括根据国家和地方的实际情况，因地制宜办教育、以实业教育为基础等观念，都与张謇的思想不谋而合。而手岛在创办的工业学校、徒弟学校、补习学校和女子职业学校实践中的经验，也给张謇很多的启示，可以说能够直接借鉴之处非常多。回到南通之后，张謇于 1905 年创办唐闸私立实业小学和通海五属学务公所、1906 年办通州公立女子师范学校和通州公立女子学校、1907 年办劝学所和教育会、1912 年办妇女宣讲会、1912 年办南通纺织专门学校、1914 年办女红传习所和通俗教育社，等等，应该与对手岛精一的访问不无关系（于海漪，2005：附录 1）。

3.3 其他

3.3.1 清净轩、本乡馆

五月二十三日晚，张謇一行抵达东京之初，住在京桥区绀屋町清净轩旅馆。次日，因该旅馆卫生条件不好，移居本乡区弓町本乡馆（图 3-10）。在日记中，张謇写道：“旅馆门外临江户城濠，濠水不流，色黑而臭，为一都流恶之所，甚不宜于卫生，此为文明之累。”（日记）张謇对该旅馆不满意，主要是因为卫生条件不好，借此，他也看到了近代快速的工业化发展给城市环境带来的负面影响，如果关注

外观

内院

室内楼梯

图 3-10　本乡馆

（资料来源：本乡 Project 2002- 本乡下宿屋街展宣传资料）

这个方面的话，是可以从城市布局考虑，来避免对城市中心区的环境污染的。

在南通的城市规划布局中，自 1895 年选定唐闸为工业区，天生港为港口区，老城区为政治、文化、居住区，而风景秀丽的五山区为游憩区之后，"一城三镇"的功能布局（图 3-11），合理地利用了各个区域的原有基础，比如，唐闸区是一个出产棉花和土布织造繁荣的区域；天生港位于长江岸边，且有通扬运河与唐闸的工厂区相连接，便于利用水运货物；而五山连绵，又临长江，风景和气候均佳，

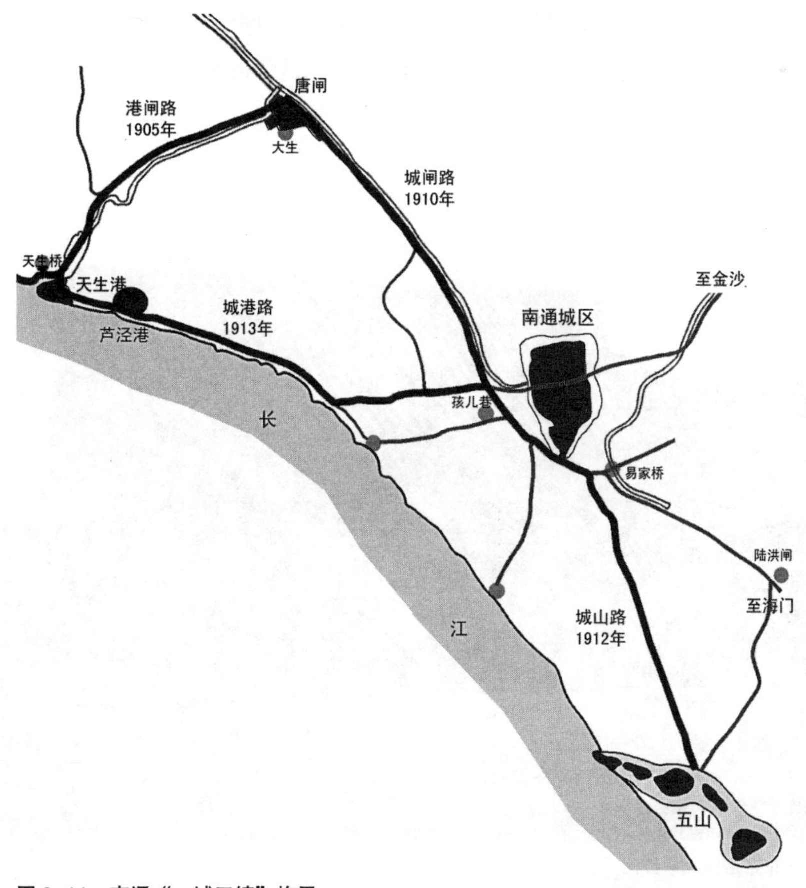

图 3-11　南通"一城三镇"格局

（资料来源：自绘）

历史上有名山宝刹，是休闲、游憩的好去处；老城区是历代县署所在地，也是南通城居民聚居、人口稠密的地方。环城有濠河，环境优美、宁静，因此，在张謇所领导的近代城市建设中，依然是以政治、居住、文化和经济为中心，并且以新城部分为建设重点，目的是不过多涉及内城拆迁，一为经济因素，拆旧房不如在较为荒凉的外城建设便宜；另外，也是为了能够集中建设，展现新的城市建设气象。在近代形成的一城三镇的格局，一直延续到今天，仍然给南通市人民提供良好的生活环境，不能不说张謇有远见在其中。

二十六日，张謇等移居本乡馆。由于该馆与各学校相近，因此有很多中国留学生在此居住，张謇等抵达东京时，随章静轩一起到车站迎接的洪聚卿也住在这里，他在弘文学院读书。

本乡区现在叫做文京区，可见与文化教育有相当的历史渊源。最近的是东京帝国大学（今东京大学，图 3–12、图 3–13）、茶水女子大学、早稻田大学和前文提到的弘文学院、成城学校，以及小石川的东京府立师范学校、东京医学校本馆、哲学馆（后东洋大学）等（图 3–14、图 3–15），还有东京帝国大学附属植物园，即现在的小石川植物园。张謇所赴嘉纳治五郎为其举办的教育家游园会，就是在这个植物园中举办的。

张謇在日记中未提到前往东京帝国大学参观，根据他在本乡馆居住十日左右，且多日未外出，只是治齿，或在旅馆，而本乡馆距离帝国大学只有约 150m 的距离，外出散步时参观的可能性很大。只是日记中前文说了高等学校并非调查的重

图 3–12　东京帝国大学红门

（资料来源：东京帝国大学，明治 33~37 年版）

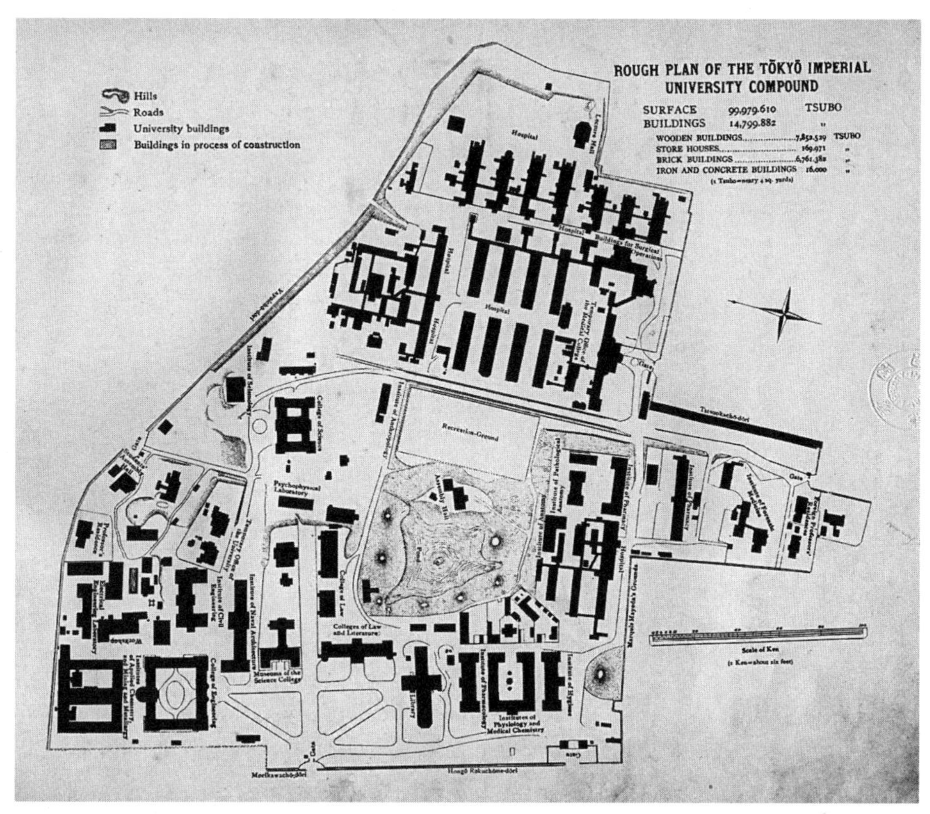

图 3-13　东京帝国大学平面图

（资料来源：东京帝国大学，明治 33~37 年版）

图 3-14　东京女子高等师范学校

（资料来源：女子高等师范学校，明治 36~37 年版）

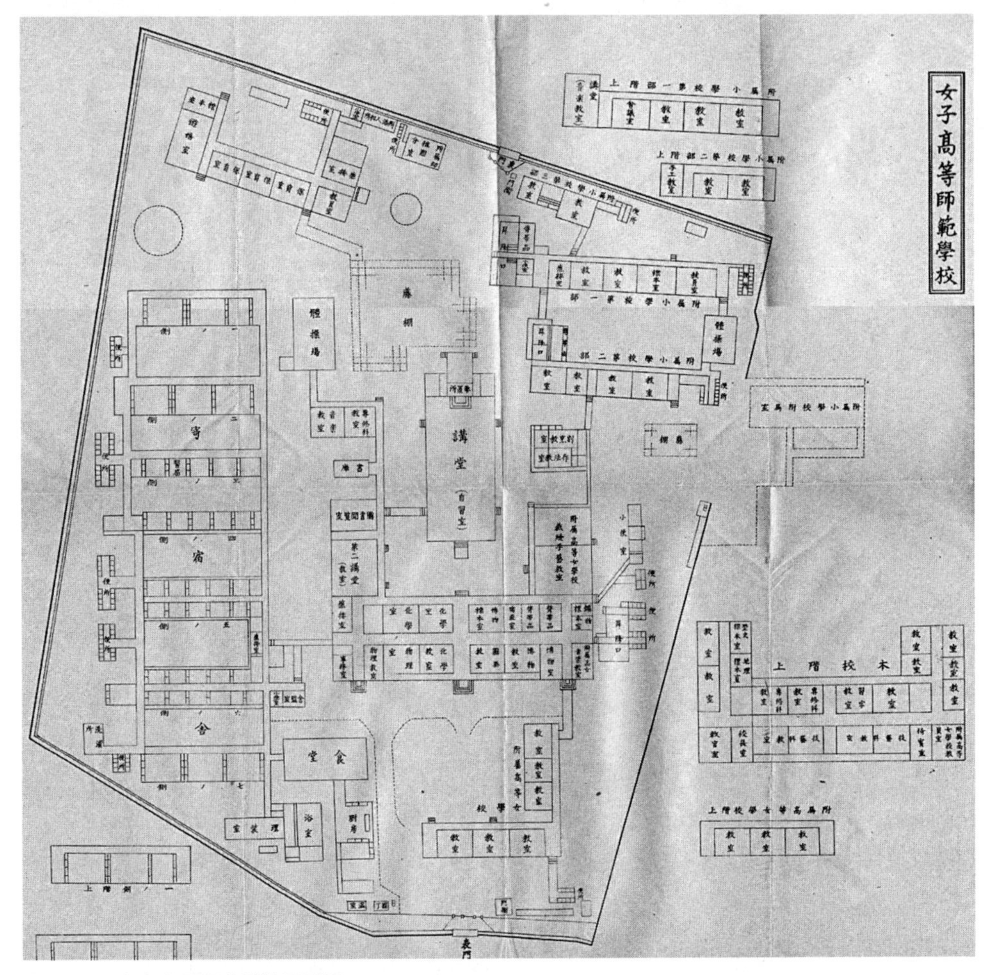

图 3-15　东京女子师范学校平面图
（资料来源：女子高等师范学校，明治 36~37 年版）

点，所以也就没有特别提到罢了。

3.3.2　筑地活版制造所

闰五月初一日，张謇等人至筑地活版制造所，看造铅字。现在这个筑地活版制造所已经荡然无存了，只留下了一个纪念的石碑。在文物保护方面，日本做得非常仔细，即使所有的建筑都已经消失了，或者不可能继续保存下去了，如果该地在历史上是著名建筑所在地或发生过著名的事件，至少会立一个石碑，刻上事件的始末、纪念人物的贡献等。就像这个筑地的“活字发祥的碑”，从大街上看非常不起眼，如果不是事先在资料中找到具体的地址，在那个地点周围来回寻找，一般路过的人，是很难发现的。但是碑虽然不起眼，又小，却把事情交代得很明白，时间、地点、人物、来龙去脉，以及事情的意义等，都一一说明白。看到的人，面对散发着古旧气息的碑身，念一下上面诉说的陈年旧事，引发了对历史的回忆和共鸣，一时之间的确能够生发出一种“念天地之悠悠”的感慨（图 3-16、图 3-17）。

图 3–16　活字发祥的碑
（资料来源：自摄）

图 3–17　掩映在灌木丛中的纪念碑
（资料来源：自摄）

3.3.3 说井、治齿等

张謇在东京停留多日，除了外出访问之外，还做了两件事情，第一是说井，第二是治齿。因为了解到日本的医疗技术是比较先进的，据张謇介绍是连欧美的医生都给予赞许的，所以，他有一个重要任务就是治疗自己的牙齿。

关于说井，其实是一件非常烦心的事情，于是他在日记中长篇大论地说明此事，起源于 1902 年张謇聘请了日本工匠伊藤泽次郎父子，用农井法在通州纱厂凿井，未果。张謇希望能够完成此事，于是经人介绍，了解到有森村父子托人卖矿井机器，于是张謇想聘请他们来通试验。但是经历诸多麻烦之后，发现此"父子"其实是骗子。张謇非常生气，说："嗟乎！日人谋教育三十年，春问教科书狱发，牵连校长、教谕等近百人。今察其工商业中私德之腐溃又如此，以是见教育真实普及之难，而人民性质迁贸栓于开通，有不其然而然之势。然以不信不义之国人，而冀商业前途之发达，是则大车无輗，小车无軏之行矣。"（日记）凿井依然是张謇非常关注的技术问题，在日访问期间，尤其在田野考察的时候，他多次寻访能够凿井的工匠，询问他们凿井的方法和所使用的机器等，试图找寻能帮助南通开凿水井的人或技术。

3.4 小结

东京的收获，最大的是教育，尤其在教育思想方面。嘉纳治五郎作为一个教育家，且交友广泛，为张謇提供了多方位的帮助，包括参观学校、介绍教育家和政治家给予咨询，还有教科书方面的支持。另外，长冈子爵等人，提供了系统的教科书供张謇翻阅参考。与手岛精一的交谈，更是坚定了张謇开展实业教育的信念，为其日后在南通和整个通州地区的教育体系的建立，提供了理论基础。

张謇没有谈到帝国博物馆，实际上他应该也有所了解，其地点距离他居住的本乡馆也是在步行距离之内的。后来，他曾专门派自己的学生孙支厦来东京参观、学习帝国博物馆的建筑情况，回国后设计了南京咨议局，是近代中国建筑史上的一个著名的案例。

东京是一个大城市，城市的建设范围与南通不可同日而语。但是，在近代张謇来访的时期，也只是刚刚近代化建设起步的阶段，从城市风貌上来说，除了大、有很多西式的建筑之外，给他留下的印象也不是特别多。大阪和东京都是因为太大，而对南通失去了直接的借鉴作用。但是作为国家的首都，诸多大学的设置、博物馆、公园、道路等近代化公共基础设施的建设，对于张謇回通后的城市建设，无疑有积极的借鉴和推动作用。

第 4 章　北海道——垦牧与北大

张謇 1903 年访日的两个最重要的地点，第一是大阪及关西地区，第二就是札幌与北海道。在大阪，他主要考察实业和初、中等教育；在东京访问政治家、教育家，了解明治以来的日本教育体系，并搜集教科书等资料。去遥远的北海道，则是为了考察垦牧事业。1901 年，张謇等人集资兴建了通海垦牧公司，他听说北海道垦牧事业做得很好。另外，札幌等城市都是近代以来新兴的小城市，历史并不长、建设资金也不雄厚，对于偏于一隅的通州而言，它们的建设经验，比大阪、东京这样的大工商业城市，或者京都这座古都，神户那样的港口城市，都更有借鉴性。因此，张謇一行在北海道所花费的时间有 12 天，仅次于大阪和东京。

从东京出发，一路乘汽车北上，张謇一行沿途浏览了农业耕种的情况。首先抵达青森，然后乘船过津轻海峡，一路颠簸，来到函馆。经室兰，来到札幌，开始了对北海道农垦事业的详尽考察。回程一路乘船，在小樽考察筑港和水产试验场；经岩内港—江差—奥尻—函馆，回到青森，返回东京。图 4-1 表示了北海道西南部各城市与山海的关系，及张謇到访城市分布。

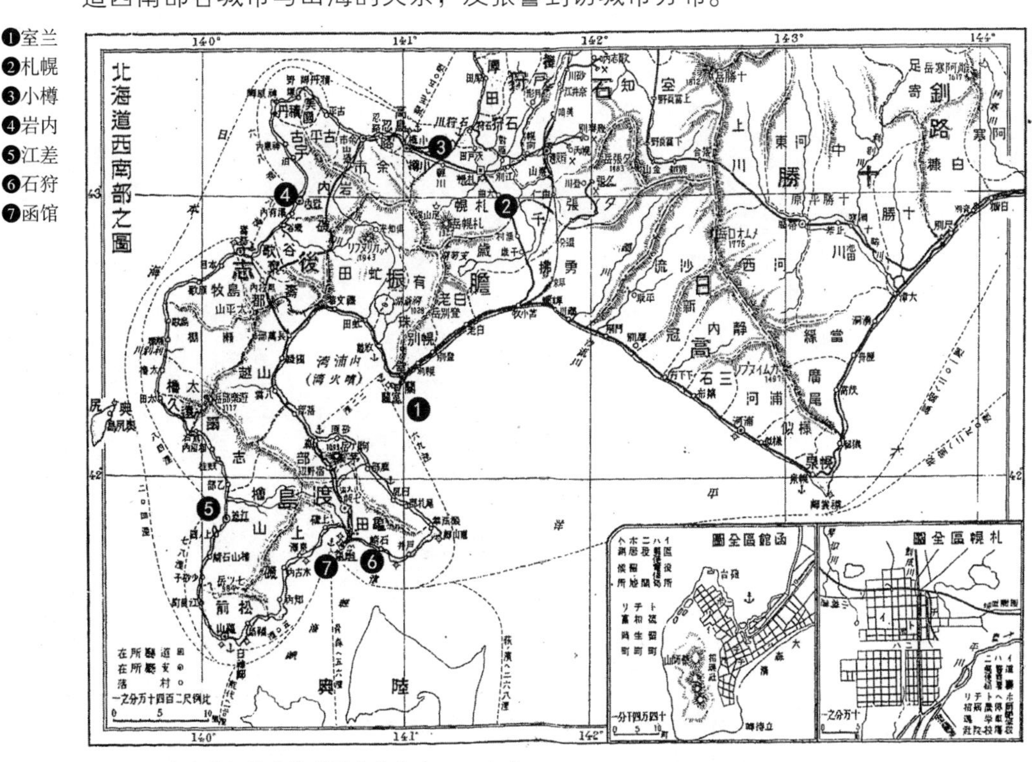

图 4-1　张謇访问的北海道城市分布（1909 年）

（资料来源：札幌市教育委员会编 . 札幌历史地图 [M]）

古代的北海道先住民用阿伊努（アイヌ）语称呼这块土地为“アイヌモシリ”（ainu mosir），意思是“人类居住地”。近代日本人（和人）把这块土地称为“虾夷地”（えぞち），也有称作北州、十州岛的，把生活在这里的先住民称为虾夷。

明治政府在设置开拓使之际，对地名变更进行了检讨，最终于明治2年（1869年）确定为“北海道”，设置开拓使，对北海道进行开发。至明治5年，北海道全区域归属开拓使管辖。明治7年，设屯田兵驻扎，以守卫和驻屯，至明治15年废止。明治19年改设北海道厅。

图4–2显示，明治初年札幌尚处于一片荒凉的自然环境中，经过约30年的建设，到张謇来访时，已经街衢井然。明治4年开始，在国家政策指导下，全国各地移民来到北海道开拓新疆域，尤其是东北地方和北陆地方的移民（图4–3）占大多数，移民们带来了固有的语言、习惯等，形成了北海道文化的基础。和人的“开拓”，实际上是一个掠夺阿伊努族土地和强制移民的过程，记者本多胜一等认为这其实是“日本的侵略”。

然而，在一系列开拓政策下，北海道成为一个以农牧业生产、水产业为主，兼有矿产、制造业和观光业的广大区域（图4–4）。因此，张謇到北海道访问

图4–2　惠增谷日志描绘的明治3年的札幌

（资料来源：札幌市教育委员会编．札幌历史写真集[M]）

移住者の出身地域　户数别（明治15年～昭和10年）	
东北地方	41.4%
北陆地方	25.8%
关东地方	7.2%
四国地方	6.6%
中部地方（北除陆く）	5.6%
近畿地方	5.4%
中国地方	4.5%
九州地方	2.5%
冲绳地方	0.0%
その他	0.8%

图4–3　北海道移民出身地域、户数

（资料来源：维基共享资源 http://ja.wikipedia.org/wiki/%E5%8C%97%E6%B5%B7%E9%81%93）

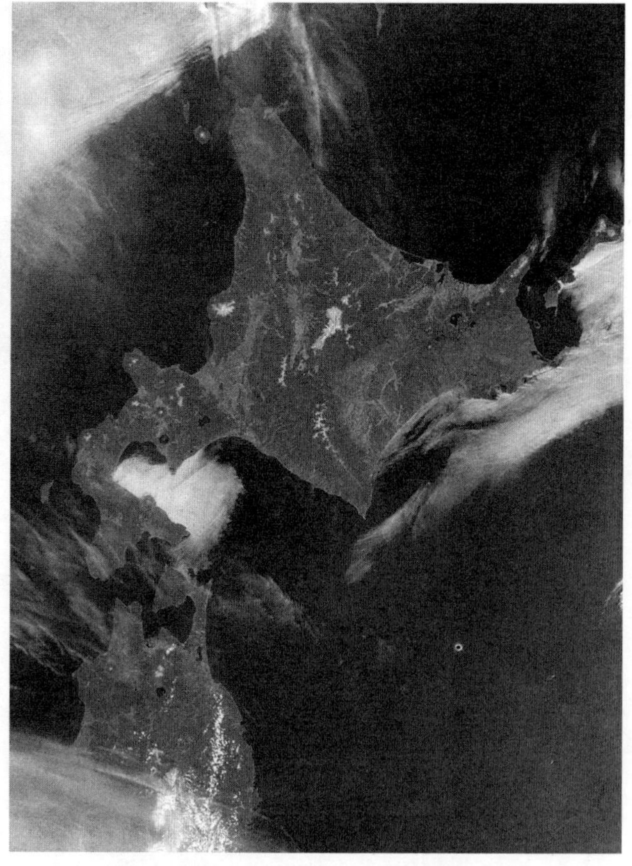

图4–4　北海道卫星图（2001年）

（资料来源：维基共享资源，根据NASA资料做成 http://ja.wikipedia.org/wiki/%E3%83%95%E3%82%A1%E3%82%A4%E3%83%AB:Satellite_image_of_Hokkaido，_Japan_in_May_2001.jpg）

的重点，就是农垦、水利和农业教育、初中等教育等方面，在开拓使时代，以及北海道厅时代，官方都聘请了一大批欧美工程师，在水利、城市建设、文化教育、农业技术等各方面，全面帮助和影响着北海道的开发和建设。札幌农学校（现北海道大学，简称北大）的教师，很大比例上都来自欧美国家，或者是从欧美国家留学归来的学者。

作为道厅所在地和最大城市，札幌的城市规划的风格和建筑形式，无不透射出西方影响的痕迹。

4.1　札幌街衢

闰五月初十日，张謇一行抵达札幌，这是他们访日的第二个重点城市。“濒海皆砂碛，地颇劣，入内山，平原豁然，极望无际，土尽黄壤，形势远在东西京之上……现有之民不过百万，不足垦此土，更得三百万人，二十年庶几无旷土欤。”（日记）

由图 4–5 可以看到，札幌城市建设，从明治 4~5 年到明治 42 年的发展情况。札幌的城市规划是按照美国模式设计的，整齐的方格网状道路系统，在水网密布

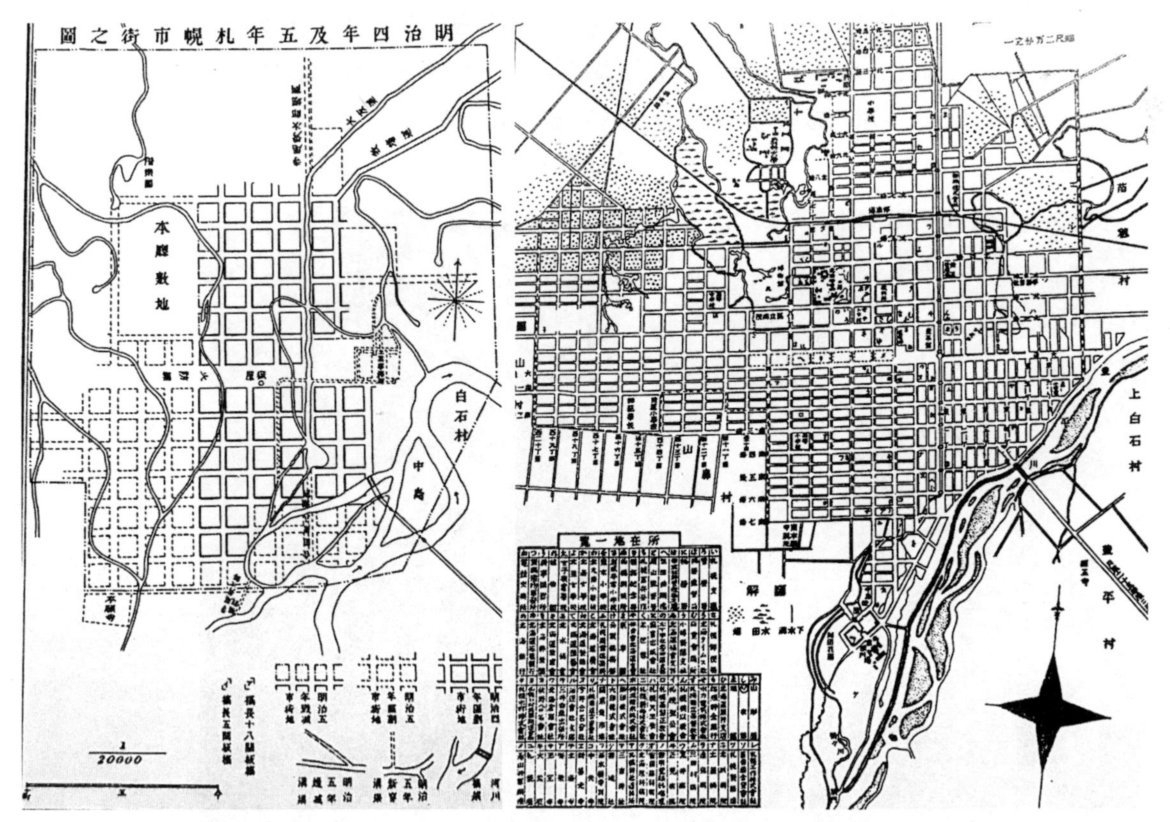

明治 4~5 年札幌市街之图（1871~1872 年）　　　　明治 42 年札幌地图（1909 年）

图 4–5　札幌街衢演变

（资料来源：札幌市教育委员会编．札幌历史地图 [M]）

的山水之间展开。明治 4~5 年的规划图，与西方规划所一直遵循的希腊希波丹姆模式非常相近，而大通街心公园和札幌农学校植物园在城市中心区的设置，也令我们联想到纽约的中央公园。

由于北海道地广人稀，而且是在一片荒原上平地起的新城，所以，规划中不需顾虑旧城改造问题。规划之初，对于未来人口的估计不是特别乐观，所以，把札幌农学校等均设置在城市中心区、靠近大通路的地方。而学校的实习农场也是规模宏大，占地颇多。后来，随着学校的扩展，学校搬到了原农场所在地，让出了市中心的位置。学校礼堂—演武场，则整体搬迁，现在是时计台，作为一个博物馆使用。对于札幌城市建设的成绩，张謇很佩服，他说，“札幌街衢，广率七八丈，纵横相当。官廨学校，宽敞整洁。工场林立，廛市齐一。想见开拓人二十年之心力。”实际上，张謇创业之初，也是希望用 20~30 年的时间，把南通建设好。

4.2 札幌农学校

闰五月十一日，札幌农学校校长佐藤昌介（1856~1939 年，图 4-6，1894 年任校长，引领该校历经东北帝国大学农科大学、北海道帝国大学农科大学、农学部，1919 年佐藤任北海道帝国大学校长）前来拜访张謇等人。后与锦州开垦公司孙德全一起到丰平馆吃饭，佐藤又引荐了农学校的教授南鹰次郎（1859~1936 年，1930 年任北海道帝国大学校长）。佐藤为张謇等介绍北海道开垦情况，说尚

图 4-6 北海道大学校内佐藤昌介像
（资料来源：自摄）

图 4–7　赤炼瓦的北海道厅建成当时（1890 年）
（资料来源：札幌市教育委员会编 . 札幌历史写真集 [M]）

未开垦的土地还有十分之九。过去的一年中，渔业、农业、林业和矿业的产值已达四千万元。而且，国家规定，垦熟之地，超过 20 年才开始征税，之前只征收郡町村税，全部用来供给地方警察、学校和卫生之用，国家不从中取利，以此鼓励大家开垦土地。比较孙德全在锦州的境地，日本政府的扶持开垦与清政府的态度，相差太远。否则，以我国二十二行省的人力，加上可以开垦的辽阔土地，所得岂止千倍于北海道。

第二日，南教授引导张謇一行到北海道厅（图 4–7、图 4–8），拜访了事务长大冢贡，及土木科长武井吉贞。然后到新建的农学校园和农园试验场参观。

张謇参观了农学校的新教学楼（图 4–9、图 4–10），是左右对称的布局，分为理化学教室、动植物学教室、农科经济学教室和农学行政教室几个区。果园、

图 4–8　南鹰次郎
（资料来源：摄自北海道大学博物馆展示图）

图 4–9　札幌农学校移转新筑校舍完成预想图（1900 年）
（资料来源：摄自时计台展品）

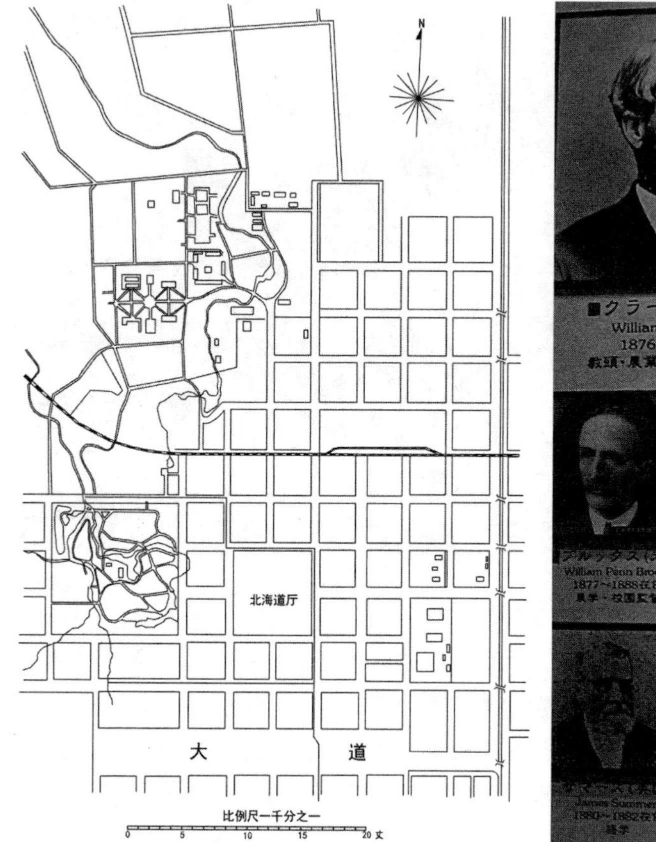

图 4-10　1902 年札幌农学校平面图
（资料来源：摄自北海道大学博物馆展示图）

图 4-11　札幌农学校的外国教师
（资料来源：摄自时计台展品）

牧场、农具、牧具等装备齐全。用具以美洲产为多。学校有两个实习农场和一个植物园，供教学、科研用。札幌农学校成立之初，创办者和初代校长 W.S.Clark 是原美国马萨诸塞州农学校长，引进了一个美国教师队伍（图 4-11），以及教学理念。札幌农学校的建学理念是奉献精神、重视实学、全人教育，以及国际性的涵养。现在，其后身北海道大学仍以此为基本理念。

作为札幌农学校 1 期毕业生的佼佼者，佐藤昌介毕业后留校任教，很快赴美留学，1886 年回国任教授，而此时的农学校正面临被解散的危机，他承担起拯救母校的责任。后历经校长助理，而成为校长。新渡户稻造是农学校 2 期的优秀毕业生，追随佐藤昌介赴美留学，毕业后回校任教，最初成为日本著名的学者。札幌农学校严谨的作风，培养了一批又一批的毕业生，为北海道的农垦事业作出了卓越贡献。在这一点上面，张謇也如出一辙，他于 1901 年兴办通州师范学校，以及随后举办的农科、医科、工科等大学，为南通本地的城市建设和社会发展，提供了大量的优秀人才（图 4-12）。

图 4–12　札幌农学校毕业生
（资料来源：摄自时计台展品）

4.3　垦牧

4.3.1　真驹内种育场

闰五月十三日早上，前往真驹内参观种育场。“场自明治十年，仿美国法建。凡地五千七百六十八万五千四百九十二坪。南面三方皆山而不甚高，林木森森，引泉为渠，广仅五尺，贯泻其中，柴落井然，望之如画。牧草种类最繁盛。马最良，皆美产。牛亦良，按图知之。”（日记，图 4–13、图 4–14）场内各种机械器具，

图 4–13　开拓使从美国输入的种牛
（资料来源：札幌市教育委员会编 . 札幌历史写真集 [M]）

图 4–14　真驹内牧牛场的家畜房（1876 年）
（资料来源：札幌市教育委员会编 . 札幌历史写真集 [M]）

也都是美国制造的。作为种育场，农民若想拉自己的牲畜来引种，付费若干即可。也有牛奶场，只生产生乳，不做炼乳等罐头产品。日本人不喜欢吃猪和羊，因此这两类的品种较少。张謇从食物种类的不同，谈到变法，必须先审视各自不同的习惯，才能决定哪些经验是能够直接学习的，而哪些是不能生搬硬套的。

E.Dun 是来自美国的一个专门从事种育事业的技术人员，明治 6 年送种牛、羊来到日本横滨，随后到北海道出差，与当地女子结婚，决定留日居住。明治 9 年开始建设真驹内种畜场。终其一生，为北海道的种畜事业、农垦事业作出了很大的贡献。现在，在真驹内的原居所，专门为他设立了纪念馆（图 4–15）。

图 4–15　真驹内 E.Dun 纪念馆
（资料来源：自摄）

4.3.2　前田牧牛场

闰五月十四日，佐藤陪张謇等到茨户的前田牧牛场考察。主人是前田利为，年仅 18 岁，侯爵。牧场面积有 100 万坪。种牛多来自美国，自产的牡牛精良，说明该场饲育技术较高。

张謇认真考察了该场的牛舍和草库，认为牛舍的设计贴近牛的生活习性，比真驹内好。而草库的设计，利用山势，将储存草的空间设于地下，上层出地平面，四周围以木板，上有气窗。冬季储存青草，效果非常好，草色不变，而味略变酸，成叶绿素，是最好的饲料。

回程路上，经过石狩川（创成川），有小汽船通行，是北海道的大河。如今，创成川岸边的农舍看上去就像美国乡村的别墅，独门独户，占地较大，与东京、京都那边的独栋住宅有不同的空间形态。受美国生活和文化的影响，看来一直延续至今（图 4–16）。

如今，前田农场所在地仍为大片农场，宽阔的创成川仍然浇灌着这片土地。现在，北海道的农业机械化生产程度很高，农产品在地头上收起就进行加工，然后以加工产品的形态出售，以增加产品附加值（图 4–17）。

图 4–16　创成川岸边的农舍
（资料来源：自摄）

图 4–17　前田农场所在地现在的农场
（资料来源：自摄）

4.4　青森、函馆、小樽

闰五月七日，张謇一行早八点即乘汽车，向北海道进发。途中观察道路两旁的农田，张謇认为有很多种植状况不良的田地。从耕种的安排，到植株的生长状况，都一一视察。询问日本人，为何在这个时候地里还有很多麦子未收割，回答说，要到七月半之后才能全部收割完，因为此时急于种植水稻而无暇顾及。张謇认为在种植的系统化方面，不如中国农民做得好。

随着一路向北前行，到了福岛等地，看到小麦还有没有完全变黄的，由此了解到日本国家南北狭长，导致气候上南北差异较大。过了仙台，时时看到铁道上设置“雪覆”，这是由于铁路修筑在滨海的地区，或丛山之间，九月以后便经常下雪，于是“架木若隧，以防回风聚雪之没轨也”。可见，面对不同的自然条件，各国、各地人民必须从实际出发，因地制宜地想出一些实用方法，解决自身所面临的困难，而那些在外人看上去很奇特的设计手法，其实有时候也是出于无奈罢了。

次日，早八点抵达青森，住在中岛旅馆。旅馆距离铁道不远，可以登楼望远，风景与我国的烟台相似。午后冒雨登上“肥后丸”客船，过津轻海峡，海浪中颠簸前行，下午五点到函馆港。

函馆是一个非常有特点的城市，在城市的中间，建设并保留下来一座具有欧洲中世纪罗马营寨城几何形平面布局的“五稜郭”，充分表达了在北海道建设初期，引进和学习西方的决心和彻底（图 4–18）。

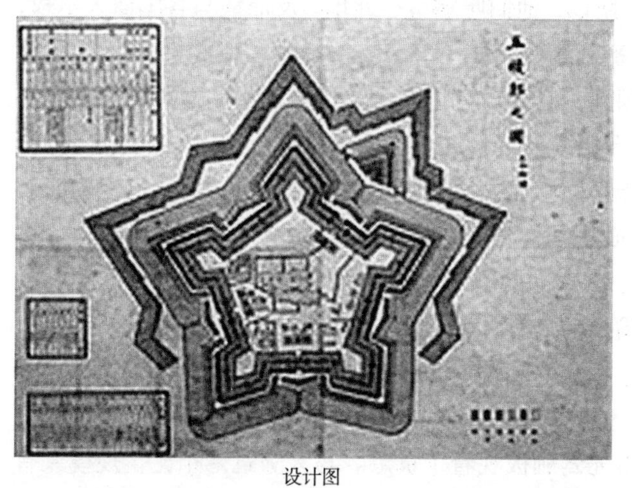

设计图

（资料来源：维基共享资源，已超过版权保护期 http://ja.wikipedia.org/wiki/%E3%83%95%E3%82%A1%E3%82%A4%E3%83%AB:GoryokakuPlanLarge.jpg）

现状照片

（资料来源：维基共享资源 http://upload.wikimedia.org/wikipedia/ja/d/d5/Hakodate_Goryokaku_Panorama_1.JPG）

图 4–18　函馆五稜郭

闰五月九日，张謇一行访问了函馆商业学校、私立寻常小学校，校长神山和雄为他们介绍了学校的教学安排，并引导他们参观学校设施。学校设有中文、英语、德语、法语、俄语等课程，作为一个港口城市，需要与中国和俄国有商业往来；而作为学习西方的工具，欧美各国的语言，也是必不可少的。

下午，当地华商宴请张謇一行，谈到华商在日本和函馆当地的经商环境。实际上，自从日本改法之后，全国范围内都允许外国人居留，华商与欧美商人在地位上是平等的，并没有区别。所以，他们愿意留在此地，反而能与各国商人平权，回国则屈居外国人之下。张謇“闻之心动”，应该是深有体会吧。但是，由于清朝政府无心照料，虽说设有领事，其实没有见到人，也更谈不到发挥作用。华商只好互相照应，谨小慎微，“严恪小心，敦信守义，求立于无过之地。”（日记）

大家又说起货运费用，张謇问为何大家不合资办一个汽船公司自己运输。商人们“谈虎色变”，说第一担心华官不允许，第二，即便允许，也不会给予保护。对比日本邮船会社创办以来，国家补助不断，感慨之余，张謇想到自己在国内，遵朝旨兴建杨通内河小轮运输，尚且有人阻挠，也难怪处于国外的商人寒心，对政府扶持不敢抱任何希望了。

闰五月十五日，由北海道回东京的途中，张謇一行在札幌农学校校长佐藤昌介的陪同下，来到小樽。首先驾舢板观看了筑港。与大阪筑港相比，规模只有其十分之二，然而此处已经营六年，已能充分发挥作用。张謇详细记录了防波堤的建筑方法，此处的方法与大阪不同，是小地方根据自己的技术条件，因地制宜设计的施工方法，可供通海垦牧公司筑堤借鉴。有一位工程师赠送了比例尺为 1 ： 6000 的防波堤的设计图给张謇。其次，张謇又观看了水产试验场。设施其实很简单，只有一个小池子，七八间房子，有温室可以孵化鲢鱼子。

小结：张謇一行对青森、函馆和小樽的考察，均是利用往返路程中的短暂停歇，就是说，即使在路途中，也要借休息的时间，最大可能、看最多的实例，以尽可能多地了解日本各地，尤其是中小城市和乡村间的各种教育、实业和建设的情况，储备可资借鉴的经验。到小樽的主要目的是考察筑港和防波堤的建造方法。

第二篇　2007年：百年日本城市的浮沉

2006~2008年间，一方面为了完成重访张謇走过的日本城市这个课题，另一方面出于对城市历史的兴趣，作者有计划地调查了几个日本城市，包括张謇访问过的城市，如长崎、神户、姬路、大阪、京都、东京、札幌、小樽等；也包括根据个人兴趣前往的古城，如岐阜等。由于居住地在京都，与神户、大阪相近，所以，对这三个城市的考察，更为详尽一些。对于每一个城市，除了调查与张謇相关的地点外，关于这个城市自身的特色，也给予关注。

作为正式的调查，开始于2007年7月对神户的访问。但是写作，仍以2007年9月3~7日期间对长崎的访问为起点。方法上，调查之前，首先通过网络和资料，查询当年张謇访问地点、机构等，如今的名称、历史沿革、当前的所在地址；其次对其访问人物进行梳理，通过文献和网络，确定能够搜集到这些人物资料的地点，比如，在什么大学、图书馆、纪念馆等；最后，根据yahoo地图，查询、确定具体的访问日程、乘车班次，对于不能当日往返的城市，在访问地点附近预定旅馆等琐细的工作。另外，在每一个城市，除了主要调查张謇日记中记载去过的学校、寺院、各种实业机构等，还有为收集资料的目的前往当地的资料馆、档案馆、图书馆、书店，以及与当地城市建设历史发展和研究有关系的重点地区。

本章内容根据地域关系，仍然以张謇访问的第一个城市：长崎作为起始地，由西向东，再折向北，即沿着长崎—关西—关东—北海道的顺序展开；最后，根据作者在考察中，以及在对日的研究中最有心得的一个专题讨论结束，即当今日本城市规划中公众参与社区规划的手法——社区培育。在每一个城市的内容里，以调查当时作者的调查日记为主要线索，呼应张謇《癸卯东游日记》的体例。需要说明的是，由于囊括了作者在日研究和生活多年的经历，因而调查顺序与本章的写作顺序不同，所以，时间顺序未能严守。

本章书写的体例，第一，会把当年调查时写下的日记《日本纪行》、《京都工作日记》，以及到每个城市访问时，为记录当时的点滴感想，也为留下当地气息，而在访问地点的当时当地，通过附近邮局寄回的明信片上的文字以“日记栏”的形式记录下来。然后梳理对访问地点现状的分析。第二，主要论述访问过程中作者围绕城市发展中“社会、经济、政治”三个要素的思考，对城市历史的思考和感慨；由此，在叙述方式上，与第一编相比较，可能少了一些严谨，多了一些活泼。

在本书的附录1中，附上了根据张謇日记、文献和网络资料整理出来的张謇访问时间、地点、人物等关系一览表。附录2是到神户调查的具体工作表，作为例子供参考。其余所整理的工作表格，不一一附上了。

日记栏 -1：2007 年 7 月 29 日

开始对张謇 1903 年曾经访问过的日本城市进行重访。京都的一部分场所已经在 2006 年分散地参观过了，比如琵琶湖疏水纪念馆等，京都和大阪的资料也查阅得比较多。其他城市的，一个要到当地资料馆查询，一个是到当地访问的时候获得资料名录，回来之后通过购买图书和查询，进一步完善。此次重访的目的和方法，简要叙述如下：

第一，重走张謇走过的路，寻访当年他去过的地方。对他的访日有空间上的实在感（这一点，在 2006 年 7 月 18 日去琵琶湖疏水纪念馆，看到铺设在地面上的水溜铁轨的时候，曾经油然有感）；在当地环境中，以及在寻找资料的过程中，揣摩张謇当年访问时候的心情，和他所看到、所感到的。因为他的日记比较简单，这可能是因为那是要发表的主题日记，以教育和实业的感想为主。这部分的主要任务是，在今天的城市里，找到当年的地点，拍摄照片。

第二，到当地城市，搜集当地资料，主要是图书馆、历史资料馆、书店。通过图书资料，尤其是当年，即明治 36 年（1903 年）的照片、图画等直观资料，找寻张謇可能学习的地方，这个要对比南通近代建设的图片。

第三，对比今天的建筑和环境，看日本城市发展历程中的变迁，从中可以得到我个人的一些观感。比如从中日近代开始，到如今的城市发展道路的比较，具体可以看看张謇当年访问过的建筑，从那时到如今的沿革，对比张謇所建建筑的命运。这个启发是来自查询资料的时候，从网上关于大阪爱日小学校的变迁资料中，想到中日“对近代建筑的保存与延续”这个题目的。

第四，可能有其他的不在计划之内的收获，比如在神户参观海洋博物馆的时候，偶然发现了关于川崎造船所的故事，如果与张謇的事业相比，有很多共同之处，一点不输涩泽荣一。

而出于对中日城市历史演变的研究兴趣，自 2002 年初次到日本度假，便开始了对日本近现代城市与建筑的调查，以及相关资料的收集。有部分资料用在 2002 ~ 2004 年的学位论文写作中，还有一部分储存在电脑里，也在脑海中萦绕，此番一并拿来与大家分享。主要包括以下几点：

第一，日本近现代城市建设的展开，及中日比较；

第二，当前日本对城市历史文化遗产的保护工作调查；

第三，张謇曾说，日本“真学国也”，当今的日本城市规划方面，在学西方与自主创新方面，有个绝佳的案例——社区培育，作者对此颇有体会，可与大家讨论其来龙去脉。

第5章　长崎异域风

16世纪以来，长崎市围绕着长崎港湾（图5–1）展开，在樱马场天满宫附近，是旧长崎村庄屋迹所在地，称作“元祖长崎”。现在新大工町附近树立着“长崎街道由此开始”的石碑，是旧长崎街道的起始点。近代以来，在港湾东侧海岸逐渐展开，与原长崎村庄相连接。图5–2是最早的长崎城市地图——宽永长崎港图，白色的街区形成于元龟2年（1571年），红色部分是开港后形成的6个町，图上还表示了中岛川上面的几个桥梁，包括眼镜桥（图5–3）。该图由作者摄于中岛川边步行道上的历史展示石碑（图5–4）。

在日本，通常在历史建筑不能保存的情况下，或者在著名的历史事件发生地，会由政府或教育委员会等机构设立石碑，说明要纪念的建筑物或事件的背景，供后人凭吊，占地不多，但效果不错，走在这些充满历史感的街道上，随时遇到各种文化遗产、纪念碑等牌子，可以凭吊一下古人当时、此地的所作所为，林徽因所说的那种“建筑意”，或者某种“历史意”则油然而生（图5–5）。

图5–1　长崎鸟瞰

（资料来源：自摄）

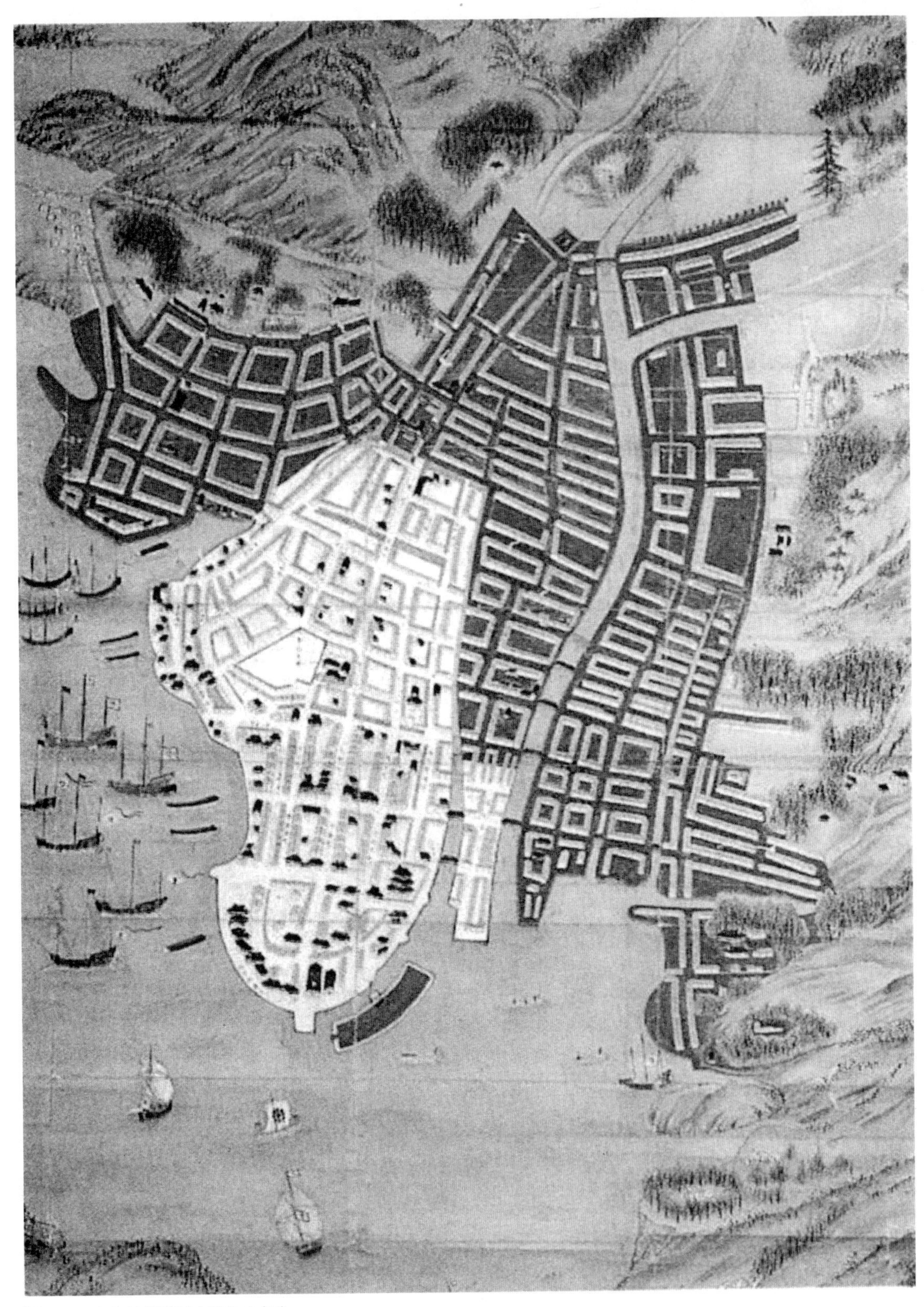

图 5-2　宽永长崎港图（元龟 2 年）
（资料来源：长崎历史文化博物馆藏）

图 5–3　眼镜桥
（资料来源：自摄）

图 5–4　中岛川眼镜桥附近历史展示碑
（资料来源：自摄）

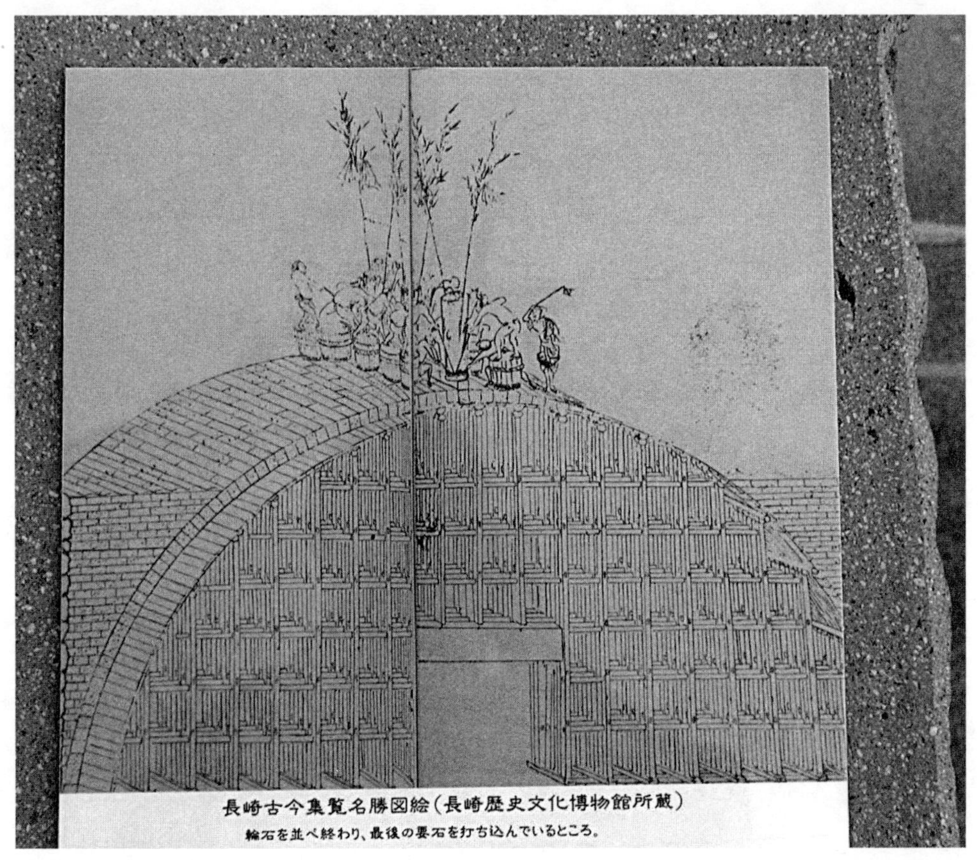

图 5–5　石碑展示史迹
（资料来源：自摄）

5.1　出岛荷兰馆迹

在幕府锁国政策下，日本唯一向西方国家——荷兰开放的口岸——出岛，在日本 1858 年被迫开港后，结束了它光荣的历史使命。现在将其原址建筑和街区进行整备，作为一个博物馆，整体保存历史遗迹，用来展览当年的历史。第一期整备 25 座建筑、计划最终于 2010 年完成地段内所有建筑及环境的修整（图 5–6）。图 5–7 表示截至 2007 年 9 月，已经修缮完成并向公众开放展览的部分。

2007 年 9 月 3 日，自京都来到长崎当日，下了机场大巴走向旅馆的路上，很容易能够看出，在现代建筑中间，这成片的炼瓦建筑标示出近代向岛的范围。

日记栏 –2：2007 年 9 月 3 日，京都 – 长崎

到了长崎，按照原来查的路线，先坐机场大巴到大波止，下车之后就晕了，找不到方向。后来看看周围的情形，确定了海岸的走向，向南走，路上看到了出岛荷兰馆迹。一直走到了旅馆 New Tanda，还好旅馆非常显眼。

图 5-6　出岛荷兰商馆迹展示复原规划
（资料来源：自摄）

图 5-7　出岛荷兰商馆迹展示（2007 年）
（资料来源：自摄）

旅馆安顿好之后，出门到附近的 Gurapa 园转转，这里是近代洋人聚居的地方，有保存得比较好的几个洋人住宅，我所住旅馆的附近还有一个英国领事馆旧址，和荷兰坂，这些等到 9 月 5 日去转转。

一路看到了大浦教堂和一个学校，然后绕着 Gurapa 园转了一圈。从后山又绕过来，有一个巨大的沿着山坡上来的自动扶梯，环绕着自动扶梯还有 2~3 个半圆形眺望平台，可以很好地观看港口和山坳里面的风景。长崎的平地不多，除了海岸边的一点之外，都是比较陡峭的山坡地，而且垂直于海岸的方向，从南到北好像有一个一个的皱褶，山脊两边都是住宅和学校，上面就是墓地，密密匝匝，小路和窄而陡的台阶经常把人引向尽端路，不得已又辛苦返回重新走。所以，不了解确切地址的情况下还是坐车保险，这是给以后的调查提个醒。

5.2　唐人屋敷

唐人屋敷迹地位于长崎中心区，距离海边不远，与新地中华街相连。现在还留有原入口附近的土地庙等建筑物，另外，在原址附近立了石碑，以表示该地正是历史上的“唐人屋敷”所在地（图 5–8）。目前，旧时的唐人屋敷与出岛荷兰馆一样，失去了它们当年存在的社会与历史环境，早已盛况不再。但是新地中华街（图 5–9）却因为时代的发展，而逐渐兴旺起来的。世界各地的唐人街，随着中国移民在当地的贡献增多、人数增加而扮演着越来越重要的角色，在日本，比较有名的还有神户中华街、横滨中华街，等等。

唐人屋敷附近，还有一个保存良好的中国社区建筑——福建会馆。现在，它被长崎市教育委员会指定为“市指定有形文化财”，相当于我们的“市级文物保

图 5–8　土地庙

（资料来源：自摄）

图 5-9　新地中华街
（资料来源：自摄）

护建筑”。福建会馆前身为 1868 年建成的八闽会馆，1897 年全面改筑，并改称。院落式建筑，建筑基调为中国风，具体建筑形式为和・中混合式。现在，会馆内部除保存原有建筑外，还开辟了一个展示长崎与中国贸易交流的历史陈列室，展示包括福建会馆自身的历史、唐人屋敷的历史等。除了 1840 年甲午海战期间有明显减少之外，在长崎的中国人数一直较多，因此中国人使用的寺庙也比较多。在大浦东山手地区，还有一个孔子庙，是保存较好的中国建筑，目前仍在使用。

5.3　鹤鸣学园长崎女子高等学校

这是一个私立中学校（图 5-10），位置已经不在张謇当年去参观的地点了，原来是在伊良林小学校附近、兴福寺后面。现在，这个女子学校位于一个小山头上，向北可以遥望伊良林小学校所在的旧长崎村庄所在地。

由山顶向下俯瞰（图 5-11），能够看到整个长崎市区，以及长崎港湾、隔海相望的三菱造船厂（图 5-12）等。与近代张謇来访时相比，海湾对面的城市社区有较大的发展，因此，架设了女神大桥，方便联系。

图 5–10　长崎女子高等学校
（资料来源：自摄）

图 5–11　从长崎女子高等学校眺望市区
（资料来源：自摄）

图 5-12　长崎三菱造船厂
（资料来源：自摄）

5.4　伊良林小学校

在伊良林小学校的外面转了一圈，所拍照片不是很满意，总不能拍到全景，因为周围的街道太窄了。后来在学校侧门办公室入口那里歇着，不太好意思贸然进入，因为一方面人家门口写着没有关系的人不让进；另一方面，我的日语也不行。后来一个 50 多岁的男子从外面回来，很和气地主动跟我打招呼，这让我有些动心，就厚着脸皮跟进去了，说明想要他们学校历史的有关资料，明治 36 年时候的，尤其是照片。校长近藤俊昭和那个 50 多岁的本多启二老师接待我，校长找出他们学校的记录本——学校沿革志，是手写的，一下子就找到了明治 36 年 5 月 25 日，“清国翰林修（撰）张謇等七人”到访（图 5-13）。

校长带我去学校的“乡土资料馆”看，还拍了他们的学校模型，也给近藤和本多老师拍了照片（图 5-14）。后来他们找来了本田老师，这是一个 30 多岁的老师，他会说中文，他曾经在北京师范大学学习汉语。经过翻译，校长和本多老师对我的来意和我为什么要研究张謇有了明确的认识，重新解释了现在只有手头这些资料，然后我就告辞了。他们有一本学校成立 100 周年时的纪念册，但是没有卖的，于是只是复印了相关的部分。

学校的乡土资料馆里保存了关于学校创办的历史资料，以及许多实物，比如教具、教科书，以及学生实习使用的各种工具、农具等，可见学校比较重视学生的动手能力，这个方面在张謇的日记中有所记载。文献中的一个地图显示，在伊

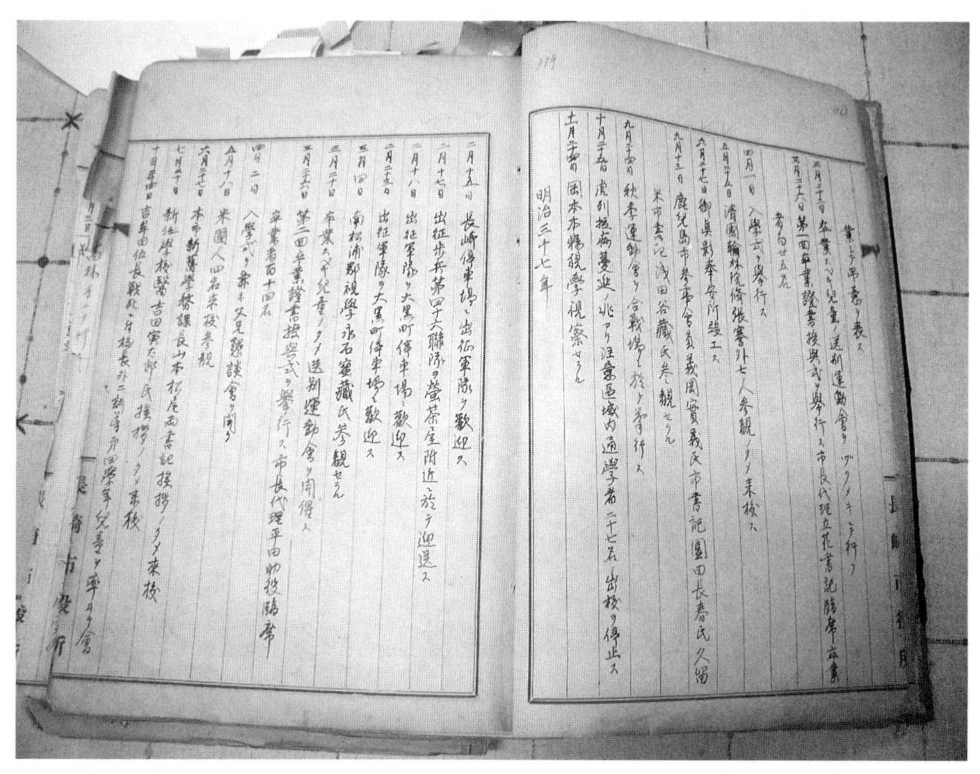

業シテ帝意ヲ表ス
三月二十三日 卒業スベキ兒童ノ送別運動會ヲザクメキニテ行フ
三月二十八日 第一回卒業證書授與式ヲ擧行ス市長代理立花書記臨席卒業
者百廿五名
四月一日 入學式ヲ擧行ス
五月二十五日 清國翰林院修撰張謇外七人參觀ノタメ来校ス
六月二十七日 御眞影奉安所竣工ス
九月十三日 鹿兒島市参事會員義岡賀義氏市書記園田長春氏久留
米市書記浅田谷藏氏来観セラル
九月二十四日 秋季運動會ヲ合戦場ニ於テ擧行ス
十月二十五日 虎列拉病蔓延ノ兆アリ注意區域内通學者二十七名出校ヲ停止ス
十一月二十四日 國本本縣視學視察セラル
明治三十七年
二月十五日 長崎停車場ニ出征軍隊ヲ歡迎ス
二月十七日 出征歩兵第四十六聯隊ヲ螢茶屋附近ニ於テ迎送ス
二月十八日 出征軍隊ヲ大黒町停車場ニ歡迎ス
二月二十五日 出征軍隊ヲ大黒町停車場ニ歡迎ス
三月四日 南松浦郡視學永石竈藏氏参観セラル
三月二十日 卒業スベキ兒童ノタメ送別運動會ヲ開催ス
三月二十六日 第二回卒業證書授與式ヲ擧行ス市長代理平田助役臨席
卒業者百十四名
四月二日 入學式ヲ兼ネ父兄懇談會ヲ開ク
五月十八日 米國人四名来校参観
六月二十七日 本市新舊學務課長山本松尾両書記挨拶ノタメ来校
七月二十日 新任學校醫吉田寅太郎氏挨拶ノタメ来校
十月二十四日 吉本田伍長戦死ニ付校長外二訓導尋四學年兒童ヲ率キテ會

图 5-13 关于张謇来访的记载

（资料来源：摄自伊良林小学校藏 . 伊良林小学校・学校沿革志 [M]. ）

图 5-14 伊良林小学校老师

（资料来源：自摄）

良林小学校对面，諏访神社附近，确实有师范学校。张謇在日记中写道，因为时间紧张，所以没有去师范学校参观，应该指的就是它了。

日记栏 -3：2007 年 9 月 4 日

长崎这个地方除了海边的一点地方，什么都在山坡上，昨天在旅馆周围转了转荷兰坂，洋人居留地，差点跑断了腿，看到一个很高级的自动扶梯，怀疑是花钱的，没敢坐它下来，到地面发现是免费的，老头、老太太住山上的，买菜上去，山上到处都是今年新生的小猫咪。今天要去的地方是一个女子学校，虽然之前怀疑会是在另外一个山窝里面，但是还是抖擞精神想一路走去，毕竟这里不是很大，路上还可以逛逛唐人屋敷。这个讨厌的照相机不知道中了什么邪，每次开机都回到原来某人设定的其高无比的精度，只能照 50 张，要开机，然后重新设定，但是不能关机，总之我比较不会捣鼓，在唐人屋敷那里就把 150 张拍完了，想着是走回旅馆导出来然后坐车去那，还是删几张继续去，结果发现还有另外一个小卡，可以拍 24 张，节约一下还可以。走啊走，爬啊爬。地图和现实中都看到了那个高高的在山坡上的女校，可是就是每条小路都通到某个人家的门口就断掉了。折返回来继续走，结果是上得山坡又下来，终于走到了。

5.5　大浦外国人居留地

由海岸通沿较为陡峭的山坡地向东、沿山坡向上的区域称作东山手地区，图 5-15 是作者调查时由东山手山顶向下俯瞰长崎港和市区的速写。这里是近代以来的大浦外国人居留地，主要指的是西方各国。有各国领事馆、外国人办的学校。这里也是他们的集中居住地（图 5-16）。因此，至今该地区保留着很多西式建筑，随着文物建筑保护事业的发展，这里成为集中的西式保护建筑展示区。

东山手 12 号馆原为美国领事馆，后成为个人住宅，目前是长崎市旧居留地私学历史资料馆，专门展示大浦外国人居留地的私学发展情况，以及居留地的建设、形成和发展过程（图 5-17）。

荷兰坂，被选作日本 100 个历史街道之一，用于纪念近代长崎的外国人居留地，因周围建筑多为荷兰人住宅而得名（图 5-18）。

日记栏 -4：2007 年 9 月 4 日

忘了说正题，这山上，原来除了住家，就是墓地。山坡既陡，又狭窄，一边是住宅，一点没人声；一边是墓地，也没鬼声。偶然的几个行人，有跟我一样呼呼喘气歇脚的邮递员；有送货上门的人气喘吁吁跟人道歉，说这里房子实在密集，

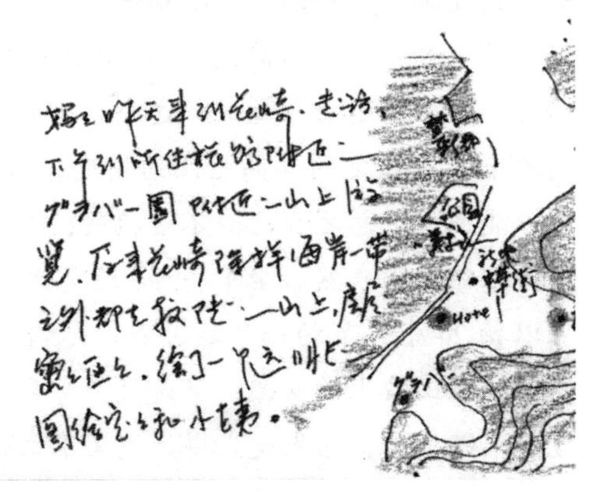

图 5–15　长崎访问明信片

（资料来源：自绘）

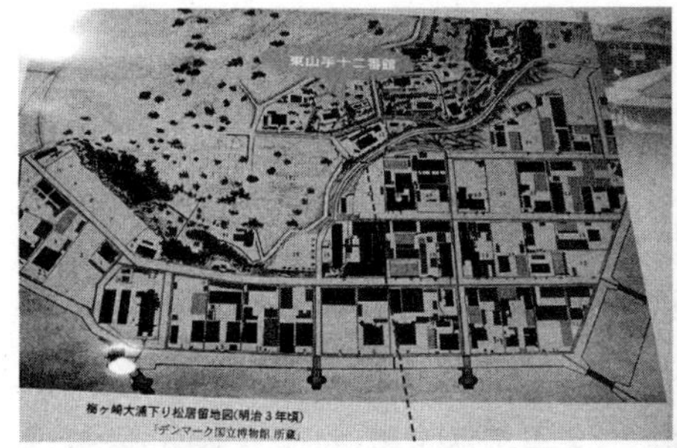

图 5–16　梅崎大浦下松居留地图（明治 3 年）

（资料来源：摄于长崎市旧居留地私学历史资料馆展示，丹麦国立博物馆藏）

图 5–17　东山手 12 号馆

（资料来源：自摄）

图 5–18　荷兰坂

（资料来源：自摄）

很难找到，估计是过了送货的时间……再有就是很老、很瘦的老太太，面无表情一步一步地拄着拐杖走，怎么看，都像诡异的电影情节。

到了那个学校，然后想到上面更高的地方拍个全景，这回两边可都是墓地了，想着这女子高中的学生住在这么一个凄凉的地方，还有对面山窝里面也是一个高中……如果是晚上，夜黑风高的时候，呜咽凄厉的风声……我想到《聊斋》和女鬼；然后想到今天自己始终很难绕到目的地，八成是被鬼迷惑了？

下山的时候也是漫无目的，除了墓地，就是住宅、寺庙。快到平地的时候才有一个小超市，不知道山上的人们平时是怎么生活的。看到思案桥三个字，才恍然觉得回到了人世。

5.6　俄罗斯旧迹展示

图 5–19 所示，是在长崎很普通的一条街道上，树立的展示牌，所展示的是长崎历史上无数史迹中的一个小环节——近代，俄罗斯人在长崎的作为和产生的影响。

左上图介绍了俄罗斯商船来航的情形，以及设立领事馆、相互交流的概况。

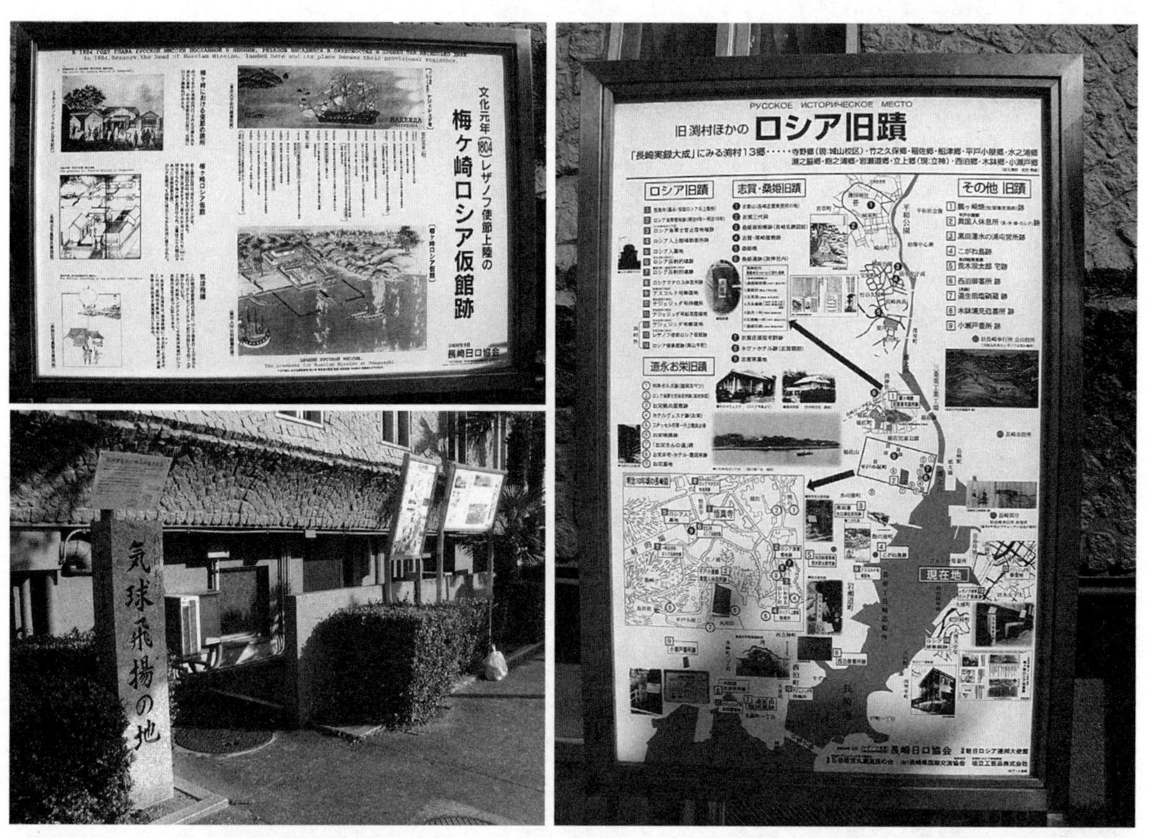

在海岸通附近的街道边，在旧建筑物已经拆除的情况下，以两块展示牌和一个石碑，标示出旧日俄罗斯人在长崎作的贡献，留下痕迹。

图 5–19　长崎街道关于俄罗斯旧迹的展示

（资料来源：自摄）

左下图是关于俄罗斯人在长崎，试飞了日本国内第一个氢气球的纪念碑，以及文字说明牌。右图展示了在长崎，所有与俄罗斯相关的历史遗迹所在地，在地图上标示出位置，并辅以相关文字、图片说明。

这只是一个小的例子，在长崎街道上，关于中、朝、俄、荷及西方各国与长崎交流，以及本地历史、文化名人的史迹纪念物，比比皆是。

参观过长崎之后，关于历史上许多城市此消彼长的情况在我的心头始终翻滚不已。长崎，这个以往并不了解的地方，原来在不算久远之前，是全日本学习西方的一个窗口，叫做“游学之地”，福泽渝吉、司马江汉这样的名人，当初都曾经怀着怎样忐忑、敬佩的心情，去长崎学习游历啊。城市的明灭，此消彼长，在历史的长河中是极其普通的一个场景。所以，有心好好研究一下日本城市历史，以及中国的、西方的。有机会的话，最好能串起来，应该有所收获。

安正开港以来，150 余年过去了，长崎在日本城市中不再有以往独领风骚的地位。曾经在锁国时期盛极一时的向岛、唐人屋敷、大浦外国人居留地等，在今天的长崎风景中，为我们保留了丰富的异域风情而已。150 年当中，长崎海湾对面的三菱造船厂，曾为日本的战争提供了军舰和巨额资金，而 1945 年 8 月的原爆，给长崎人民也留下了无法抚平的心灵创伤。历史沧桑、山河巨变、人情冷暖，都包容在这个城市的每一个角落。

走过长崎街道，我常常在想，也许一回头，就能穿越时空，看到刚刚擦肩而过的张謇一行，他们当年又是怀着怎样虚往实来的态度，细细浏览、记录所见的一切和浮思万千呢。大概因为是第一个带着研究任务去访问的城市，所以，想得还真是比较多（图 5-20~ 图 5-23）。

图 5-20　长崎港

（资料来源：自摄）

图 5-21　长崎港回望市区
（资料来源：自摄）

图 5-22　长崎历史文化博物馆
（资料来源：自摄）

图 5-23　长崎县立美术馆
（资料来源：自摄）

第6章　京阪神崛起

“京阪神”指的是京阪神大都市圈（图6-1），是由三个城市名的第一个字组成的，也是京阪神三大学（京都大学、大阪大学、神户大学）所构成的空间范围。具体来说，空间上由包括京都市、大阪市、神户市，以及三个城市的卫星城市的地域所共同构成的都市圈，是近畿地方或西日本的中心部。以上述三个城市为中心，近畿2府4县（除了三重县以外的近畿地方）的全府县厅所在地集中起来的经济地域，彼此之间在经济、文化方面的相互依存关系很强。

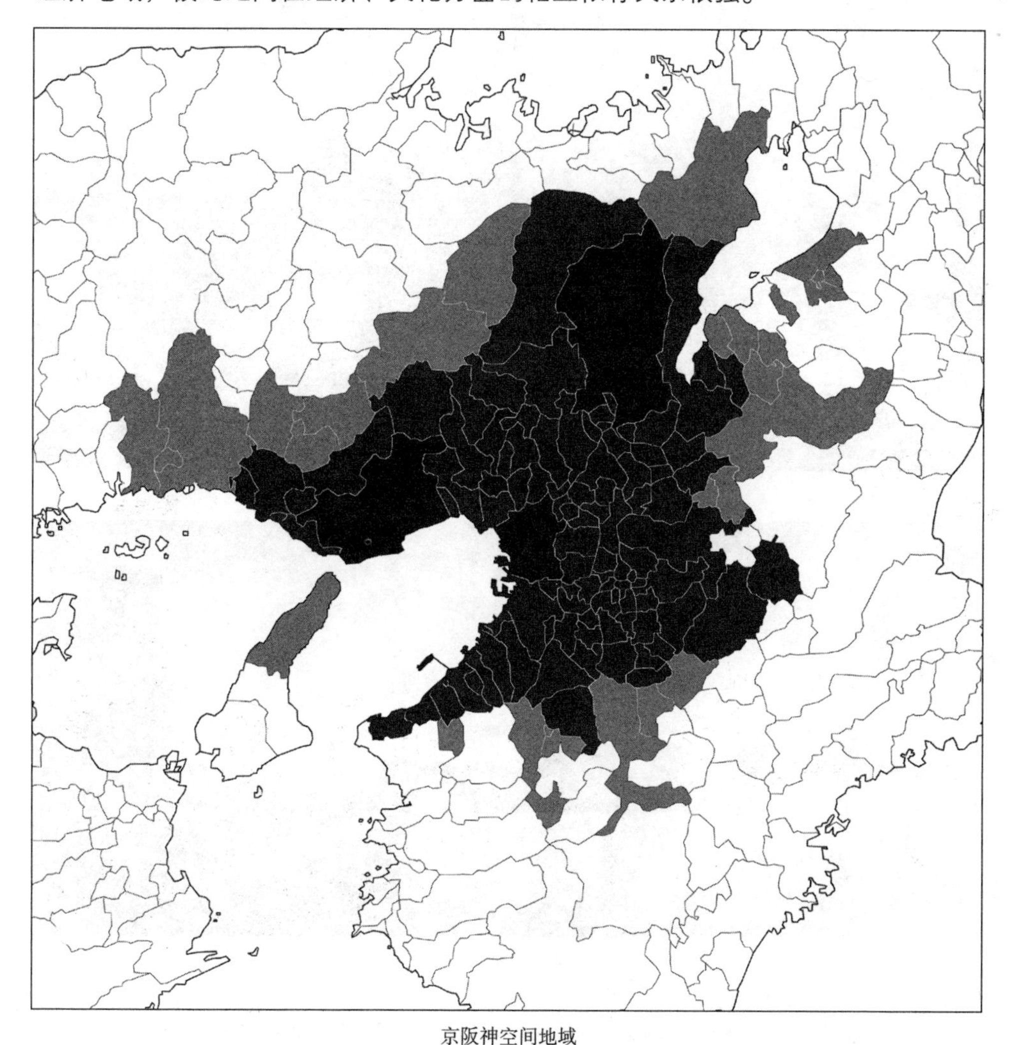

京阪神空间地域

（资料来源：根据维基资源绘制 http://upload.wikimedia.org/wikipedia/ja/b./bd/Keihanshin.PNG）

图6-1　京阪神大都市圈

京都市比叡山俯瞰

大阪市西梅田

神户市神户港

图 6–1　京阪神大都市圈（续）

（资料来源：维基共享资源 http://ja.wikipedia.org/wiki/%E4%BA%AC%E9%98%AA%E7%A5%9E）

1）历史

从历史上看，第一，京阪神地区自古就在政治、经济和文化方面有着千丝万缕的联系；第二，随着时代的变迁，京、阪、神三地在区域内的地位和作用有所变化（图6–2）。

在平安京成立以后，作为首都，京都接受了来自全国的豪族迁入；另外，为了全国人纳税方便而修筑的道路等基础设施也确保了京都的城市建设水平。畿内成为日本财富集中的经济发达地区。其后，权力在“公家、武家、寺家”间分散，天下赋税不再集中于京都一地。室町幕府设置南朝，为开拓日明贸易，兵库津和堺经济崛起；安土桃山时代以来，织田信长和丰臣秀吉以大阪当地为据点进行经济改革，尤其在秀吉时代，大阪城形成了城下町；在进行淀川改修工事的同时，修筑了文禄堤，由此建成了稳定连接大阪和京都的“京街道”，两个城市得以共同发展经济和文化。

江户时代，大阪逐渐成为各藩的藏屋敷集中地，世界上最早的期货交易市场——堂岛米会所成立，大阪成为“天下的厨房”。京都则成为以富裕阶层为对

奈良 朱雀门

京都 清水寺

大阪 大阪城

神户 旧居留地海岸通

图6–2 京阪神历史景观

（资料来源：维基共享资源 http://ja.wikipedia.org/wiki/%E4%BA%AC%E9%98%AA%E7%A5%9E）

象的高附加值商品的生产地，逐渐向工业城市发展。随着制品和职员向日本各地流动，京文化的影响也传播开来。

幕末日本开国，随着外国人居留地的建设，神户发展成为国际贸易港；同时，大阪的川口居留地也带动了大阪和京都的城市近代化发展。然而，随着江户期以来的参勤交代，富裕阶层转而集中到东京；同时，天下赋税和外贸受益也集中到东京。不过，在明治27年，即1894年，以日清战争为契机，大阪一跃成为日本最大的工商业城市、神户成为东洋最大的港湾都市。阪神地区再次成为日本的文化、经济的中心地。1923年关东大地震后，从关东来了很多移住居民，此间的文化、经济更加繁荣。

20世纪30年代，日中战争和第二次世界大战中，根据战时体制，各行业均由国家统一管理，京阪神和其他地区的企业纷纷到东京设立本部，由京阪神向东京移动的企业、财阀和资本家络绎不绝。在战后的高度经济成长期，阪神工业地带的工厂和事业所有所增加和扩张，制造业获得了较高的增长。然而，产业向东京一极集中的情况仍在持续。至20世纪80年代，生产据点开始向海外移转，阪神地区也陷入了产业空洞化。

在这样的情况下，京阪神地区在研究设备和研究成果、教授阵容充实的大学基础上，构建关西文化学术研究都市、神户医疗产业都市构想等产学官连携研究设施，并不仅仅出于对经济或环境方面的考虑。目前，根据PwC公司的报告，阪神地区的GDP在世界都市圈中占第7位；万事达公司2008年的报告中，该地区在世界商业都市中环境评测为第19位（维基百科）。

2）地理、郊区化、通勤圈

京阪神大都市圈所属地域的地形富于起伏变化。主要以大阪平原为中心，包括播磨平原、京都盆地、奈良盆地、近江盆地。地形方面与以较少起伏的关东平原为中心、呈放射状的东京圈有所不同。生驹山地、六甲山地等山地城市为该都市圈增添了风格迥异的城市景观。

京阪神地区仿效美国建设了都市间电车网络线。以1905年开业的阪神电气铁道本线为肇始，1920年继续架设了阪神急行电铁神户本线，以及其他线路陆续开通，包括在神户、北摄等未开发的后背地区等近郊农村地区铺设线路，为创造舒适的居住环境提供了便利的交通条件（图6–3）。

昭和末期至平成期（20世纪80年代末至90年代初），通勤圈扩大到非常远的地区，比如兵库县的筱山、京都府的园部（现在的南丹市）、奈良县的大淀等。所以，在俗语里面也出现了兵库府民、奈良府民、滋贺府民等词语。后来，这种趋势随着人们向都心回归而渐弱。

除了都市间的电车网络，京阪神城市之间还有便利的铁道线路、高速道路、汽车路网等各种交通设施。共用的对外港口有神户港、大阪港、尼崎西宫芦屋港和堺泉北港；空港包括关西三空港（关西国际空港、大阪国际空港、神户空港）

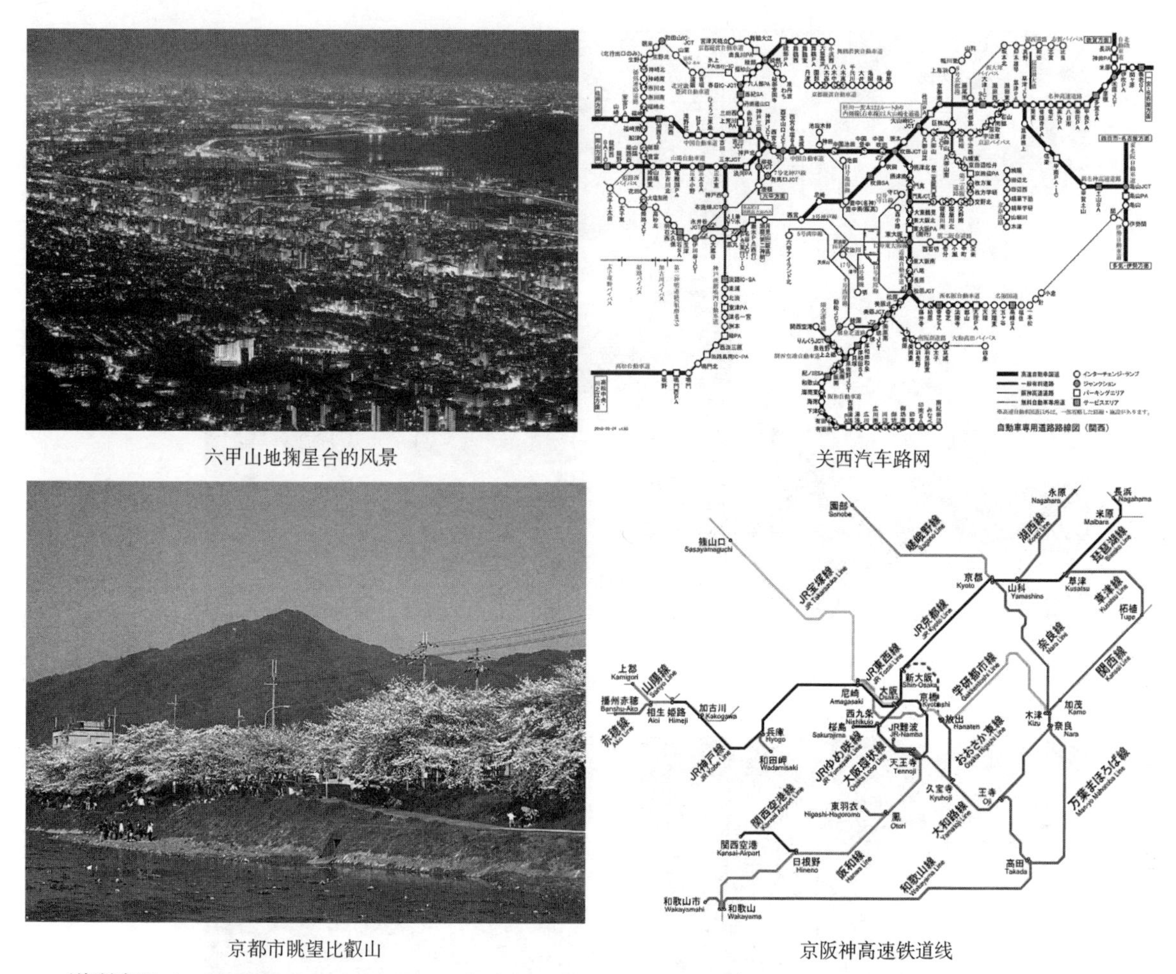

六甲山地掬星台的风景

关西汽车路网

京都市眺望比叡山

京阪神高速铁道线

（资料来源：http://ja.wikipedia.org/wiki/%E4%BA%AC%E9%98%AA%E7%A5%9E）

图 6–3　京阪神地理与交通网

（资料来源：维基共享资源）

和八尾空港。区域间协调共用的大型基础设施，既满足了物流和客流需要，又最大程度上节约了土地资源和投资。

3）京阪神研究都市

近年来，在经济、产业向东京一极集中的情况下，京阪神地区采取了相应的政策，以刺激本地区城市在经济、政治和文化方面的一体化发展。以京阪神三大学为中心，构建京阪神研究都市，包括关西文化学术研究都市、播磨科学公园都市、神户医疗产业都市、神户研究学园都市和国际文化公园都市等机关（图 6–4）。试图通过加强科学研究的协作与创新，进一步拓展本区域的经济增长能力。

从历史上看，京阪神城市在日本国内地位的浮沉，一方面随着该区域在国内所占总体比重而波动；另一方面，政治、经济或是文化这三个要素，至少有一个以上在全国是占据领先地位时，才能够引领城市或区域的先进性。由此，当前，京阪神大都市圈内的诸都市，通过功能分工、协调与配合，力图以区域整体复兴

神户港

（资料来源：http://ja.wikipedia.org/wiki/%E3%83%95%E3%82%A1%E3%82%A4%E3%83%AB:Night_view_of_ Osaka_bay.jpg）

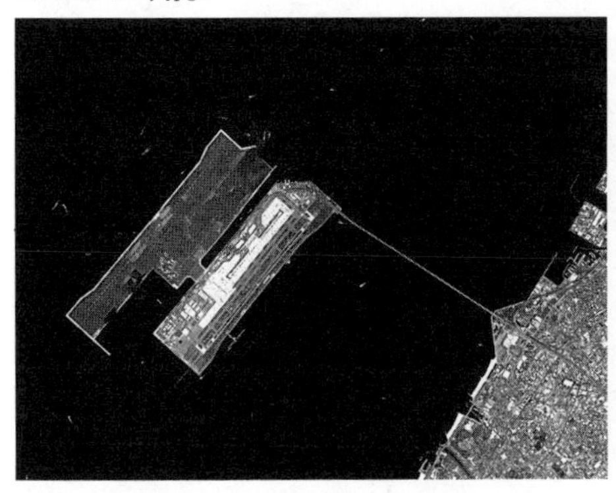

关西空港

（资料来源：http://ja.wikipedia.org/wiki/%E8%BF%91%E7%95%BF%E8%87%AA%E5%8B%95%E8%BB%8A%E9%81%93）

国立国会图书馆关西馆

（资料来源：http://ja.wikipedia.org/wiki/%E3%83%95%E3%82%A1%E3%82%A4%E3%83%AB:Sakura_MtHiei.jpg）

播磨科学公园都市

（资料来源：http://upload.wikimedia.org/wikipedia/commons/8/87/Urban_Network.gif）

图 6–4　京阪神大都市圈基础设施

（资料来源：维基共享资源）

的战略，促进地区全面发展和新一轮的崛起。

6.1　京都——古都的前世今生

京都，在经历了 1000 多年的都城生涯之后，于明治年间，迎来了一个未曾有过的低谷期。但是京都的人民没有放弃努力，在北垣国道的领导下、在地方自治的基础上，京都于 19 世纪 90 年代迎来了一个近代化的高潮期。琵琶湖疏水工程、水力发电、市电等一系列先进技术的引入，以及在学区制和学区制基础上的选举区划分等近代化市政方面的卓越贡献，将其重新拉回到全国人民的视线之中。

可见，如果技术不落后、思想能够领先，那么，一个城市，无论在何时都是仍然能够引领时代潮流的发展的。而田边朔郎以本科未毕业的状态，被北垣知事慧眼识珠，聘为琵琶湖疏水工程总指挥，北垣的魄力、田边的才华与运气，都令人艳羡不已。

如今的京都，在京阪神地区处于一个相对稳定的发展状况，令人堪忧。虽然科技立国的宗旨下，新兴的科学技术探索和无污染工业的发展在推动当中，大学城、科技园的建设，试图挽回一些人气，但是，年轻人仍然是一如既往地向东京或者大阪集中。京都，是一个旅游者的天堂、老年人的社区，却不是年轻人的乐园，这是值得思考的一种局面。

目前，京都给我们的启发，主要集中在历史城市的整体保护、诸多世界文化遗产的申请与维护、文化景观政策的制定等方面。图 6–5 表示主要的历史文化景点，包括京都御所（图 6–6）、金阁寺、银阁寺（图 6–7）、上贺茂神社、清水寺、八坂神社、二条城、三十三间堂等著名景点，在 Y 字形的鸭川（图 6–8）两岸展开。樱花时节的花见、五山送火（图 6–5）、京都三大祭（葵祭、祇园祭、时代祭）等一系列包含着传统与历史意味的文化活动，不单是针对旅游者的安排，也是培养市民保持文化传统的一种训练。在活动中，大量自发组织起来的市民、青年、少年儿童等参加到活动的各个环节当中，甚至安排留学生等外国人参与其中，目的是让这些保持了传统习俗的生活一代一代地传承下去，这样，文化才能通过日常生活而形成、创新、繁衍。

如何能够把先进的科学技术，转化为先进的产业动力，是京都市现在的主要问题，也是主要的出路之一。单凭旅游业、传统产业，不足以维持一个城市的创新性发展。纵观京都城市发展历程，传统产业兴盛的原因，是有大量的高端消费人群定居于此。在当前情况下，无法预见有这样的情形再现。

当然，由于文化积淀较深，而且有京都大学等日本乃至世界有影响的著名学府，并不断培养出诺贝尔奖获得者等科技带头人，京都仍有巨大的发展潜力。在京阪神地区，它已逐渐扮演起历史文化名城、文化中心的角色。不过，作者认为，没有大量的实践和年轻人口，则创新有乏力的意味。城市或许可以分工，但是相

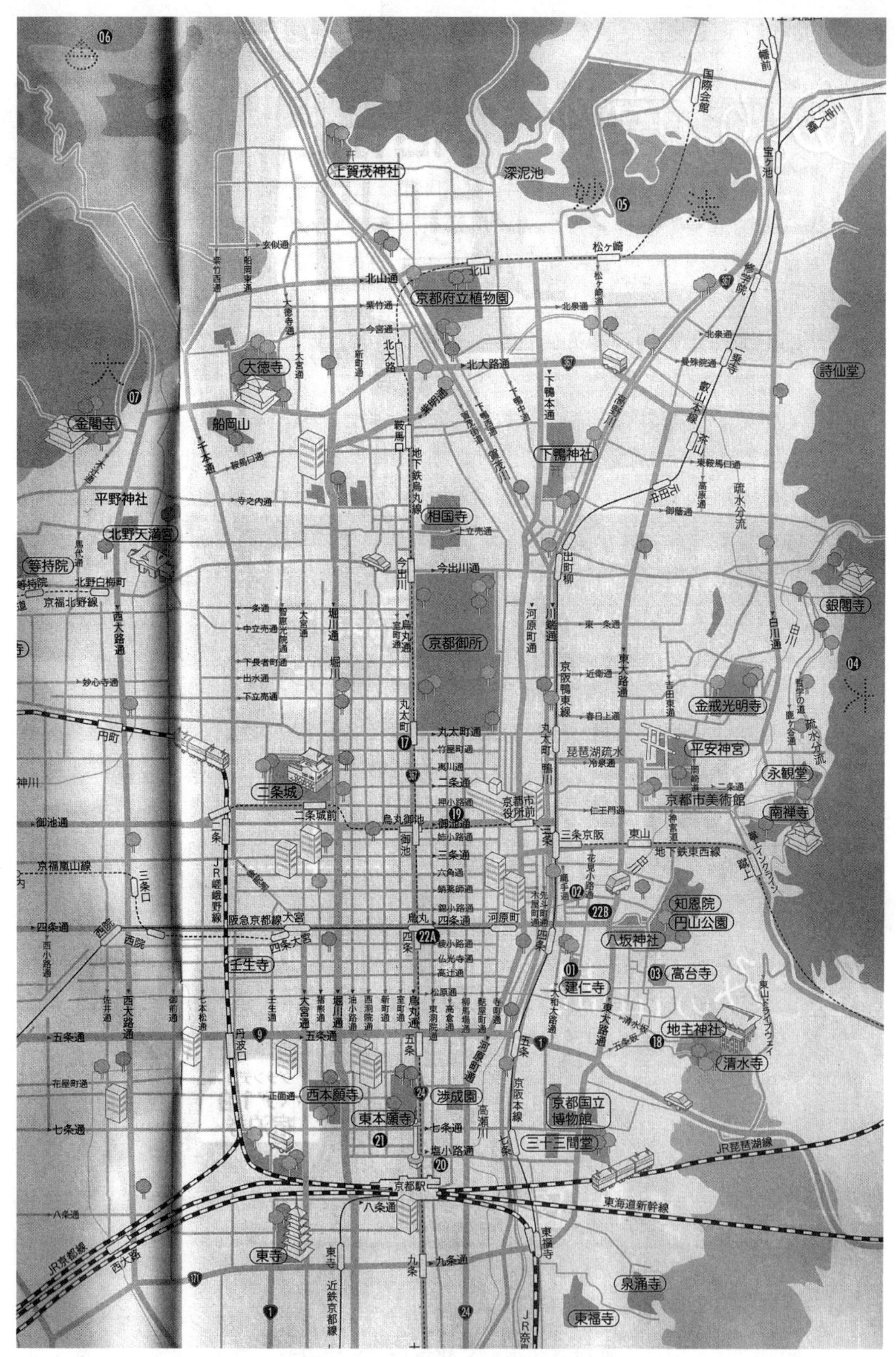

图 6–5　京都主要景点、五山送火位置示意

（资料来源：自摄）

图 6–6　京都御所
（资料来源：自摄）

图 6–7　银阁寺远眺京都市
（资料来源：自摄）

图 6-8　鸭川四条桥历史景观
（资料来源：自摄）

图 6-9　大文字山鸟瞰京都市
（资料来源：自摄）

对单一的功能安排，对京都而言，仍是一种探索中的挑战。在政治、经济、文化三者的共同发展与平衡中找到突破口，是京都的课题。

6.1.1　琵琶湖疏水纪念馆

2006年6月18日，前往位于南禅寺的琵琶湖疏水纪念馆（Lake Biwa Canal Museum of Kyoto，图6-10），寻访当年张謇参观的痕迹，也希望弄明白

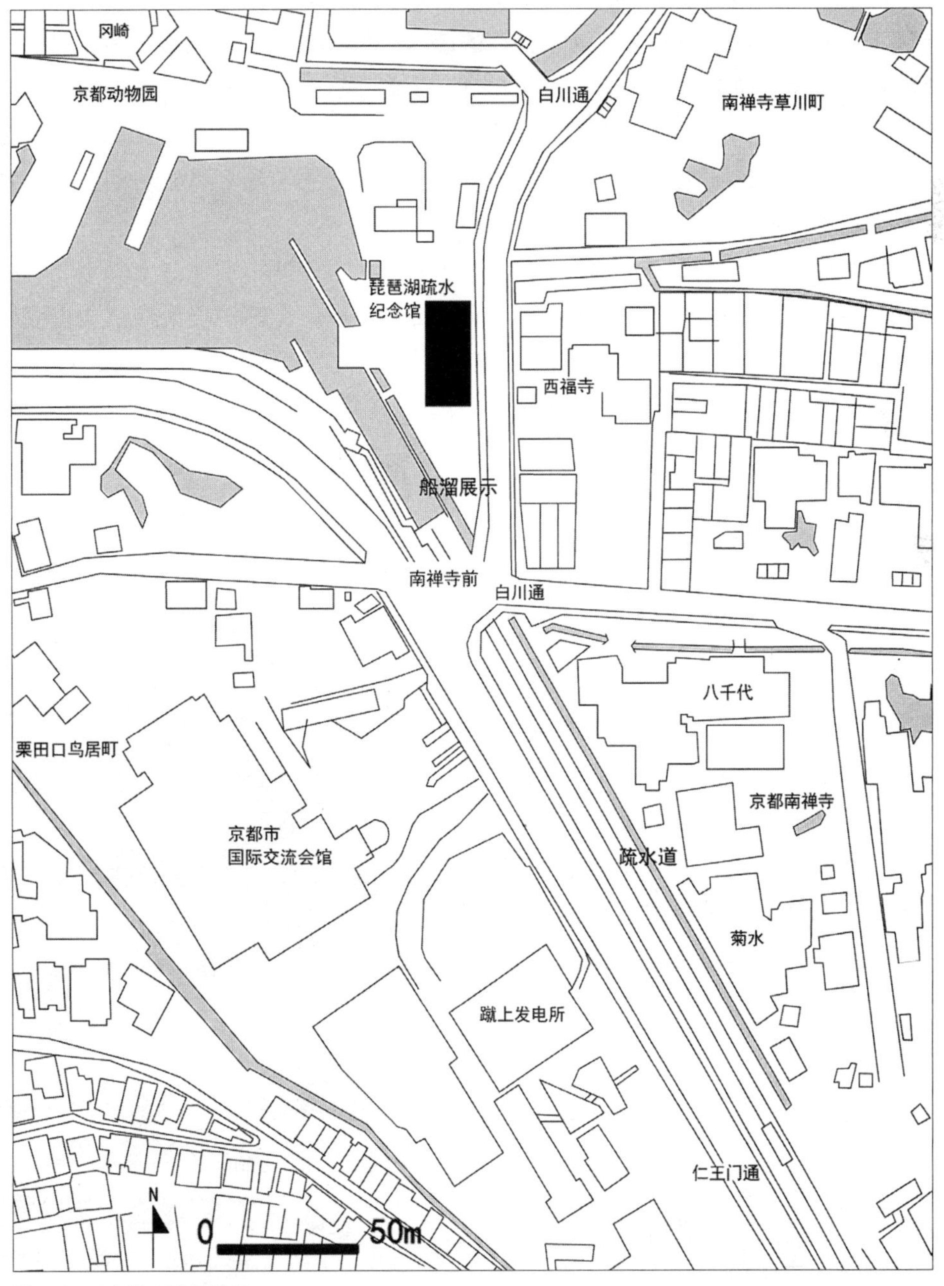

图6-10　南禅寺附近地图
（资料来源：自摄）

张謇当年所见到的蹴上船溜（Keage Boat Lift）究竟是怎么一回事。其实这个地方是经常来的，因为京都国际交流会馆就位于此地，从来到京都后经常来参加一些了解日本文化的活动、上日语课、寻找交换练习语言的日本朋友，等等。

纪念馆里用图片、实物、模型等，全面展示了琵琶湖第一和第二疏水工程的策划和建设过程，以及它们对京都近代城市发展，甚至直到今天京都市民的生活便利所起的巨大作用。

从疏水纪念馆沿着当年船溜的铁轨一直可以走到田边朔郎（Tanabe Sakuro）雕像（图6–11）。在室外，还利用保存的疏水设施设置了很多展示空间，包括当年的蹴上船溜铁轨道、船溜架等（图6–12）。向东远望，还能够看到南禅寺境内的旧疏水道（图6–13），目前仍在利用。雕像周边，又是一个展示、说明疏水工程的室外场所，这里能够看到实际的疏水隧道、灌溉渠（图6–14）、作为展品的一小段疏水管道、一些说明展示牌等。

从南禅寺隔马路西望，国际交流会馆的南面是蹴上发电厂和蹴上净水厂（图6–15），这两个设施自第一疏水完成后就一直在利用，目前，仍为京都市人民的日常生活提供支持。

参观过程中，最大的感慨是田边作为一个年轻的工科大学本科毕业生，毕业论文对社会实际需要很有帮助，能够及时应用；另外，他在有机会实现自己的研究时，有能力挑起重担。一个人能够以自己的所学回报社会，是多么幸福的事情啊。他的设计也是学习当时比较先进的美国的水利工程经验，并且亲自去美国考察过，写了《渡米日记》；在工程进展中，也坚持写工作日记，是一个很严谨的人。

图6–11　疏水纪念馆境内的田边朔郎像
（资料来源：自摄）

走完全程的时候，我忽然想到，张謇当年可是真实地在这个地点出现过哦，这是我第一次真实地感受到张謇来到日本的实在性。我能想象他当年参观时的羡慕之情和无奈之情——这样的工程，在当时的南通，还是不可能实现的。但是他还是指出在南通江浦朱家口，适宜于学习这样的经验。

琵琶湖疏水，对于京都来说，是近代化发展历程中非常重要的一项工程。因此，尽管只过去了130余年，但是已经被作为重要的历史文化遗迹，加以纪念和保存。

图 6–12　船溜展示
（资料来源：自摄）

图 6–13　南禅寺疏水道
（资料来源：自摄）

图 6–14　灌溉疏水渠
（资料来源：自摄）

图 6–15　蹴上净水厂
（资料来源：自摄）

过去的实物痕迹、现在仍在使用的各种公用设施，以及为了纪念该事业，在历史遗迹附近专门建设的纪念馆、纪念碑、展示牌等一系列的展示措施，结合自然与城市环境，营造出一个完整的展示场所，既有室内的展览、也有室外自然环境中的展览，让当代的人们在轻松的参观或游览过程中，对历史事件有全面的了解。

6.1.2　岛津制作所纪念馆

岛津制作所位于河源町上，曾经是岛津老屋的木屋町本店，现在成为岛津创业纪念资料馆（图 6–16）。在张謇访问京都期间，陪同他至各机构参观的岛津源吉，是岛津制作所创始人的次子。从图 6–17 可见，该馆外观保持了老建筑的原汁原味，维护得很好。内部展示了岛津制作所自 1875 年成立以来，130 余年间的发展历程，以及对日本和京都市的教育与科技近现代化的贡献。该所实验室主任田中耕一 2002 年获得诺贝尔化学奖，是该所创立以来所追求的科技创新与服务国家宗旨的收获。

图 6–16 所示，鸭川—高濑川—河源町通以及二条至四条所围合的这个区域，是京都自古至今最繁华的历史地段。诸历史遗迹和重要文化景观与本研究有关的是：岛津制作所、岛津创业纪念资料馆、柊家旅馆、鸭川和高濑川等。作者还曾沿高濑川、姐小路等进行过历史街区调查。该区域的四条通—河源町通是京都三大祭之一的祇园祭游行队伍的主要路段。

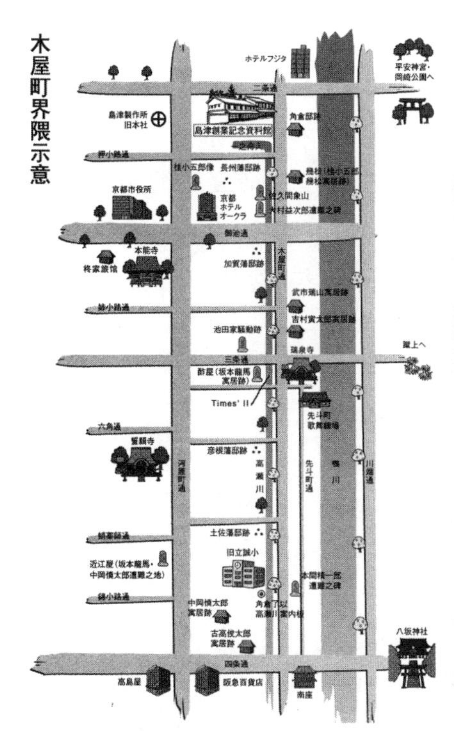

图 6–16　木屋町界限示意

（资料来源：自摄）

图 6–17　岛津创业纪念资料馆

（资料来源：自摄）

岛津制作所本店建筑物，由文化厅挂牌，是国家的“登录有形文化财”；同时，岛津制作所还在2007年成为经济产业省挂牌的“近代化产业遗产”。作为登录有形文化财，主要因为此建筑物在历史上是重要的建筑，代表一段对国家和城市发展有影响的历史或事件。而作为近代化产业遗产，则是从经济产业方面，纪念岛津制作所对日本的近代化产业发展所作出的卓越贡献。作为私人企业，岛津制作所自创办之日，就伴随着日本的近代化发展，时时注意把握方向，以国人之力，研发国家和人民最需要的产品，这也是其成功的基础。

日记栏–5：京都日记（六）[①]：2002年1月22日TIME'S II, 以及我的悠闲假期

中午实际上12:37才走了出去。因为吃完午饭，发现不但没有了阳光，反而飘起了雪花，虽然很小，还是有些担心。百无聊赖中，洗上衣服，一会又有了太阳，就下决心冲了出去。

出了会所右拐，到北山通，不远处就是高野川上的一座小桥。沿着高野川河边向南骑，半个小时到三条大桥，右拐不远就是另外一条小河，叫高濑川，安藤的TIME'S I/II就在桥头，仍然是混凝土墙面，不过这次好像是预制砌块，大概每个20cm高，30～40cm宽的样子。记得来之前看那本介绍安藤的书，上面这所建筑照片居然是带些红色的，可能是印刷的问题？拍了一些照片，也上上下下走了一遍，是贯通了两个街区，还很巧妙地与另外一个建筑交接，也从它的中间穿过去，呵呵，不错。当中有几个采光的天井，是上下的室外交通，两层之间的交通也有交接，感觉考虑得非常细致。

今天最喜欢的要算沿河边来回两趟骑自行车的感觉了。太阳时而藏起来，但是大部分的时间还比较“给面子”，当然还是要围上围巾，带上帽子才不会把刚刚有起色的感冒重新勾起来。河边有汽车路，和很窄的一条大概只有1.5m的自行车和行人小路。然后是行道树。这些都高出河床很多，有0.5～1m，或者1.5m左右的样子。不时会有路把人引向河床边为行人和自行车准备的临河观光休闲用的路，大概是石子的，有时是石头铺装，是比较粗犷的风格。这个路也有1.5m左右宽，与汽车路之间除掉高差之外，还有时而宽阔、时而狭窄的斜坡绿地相隔。

高野川和贺茂川在出町柳处会合，继续向南就叫做鸭川了。河里面有很清凉的水在流动，有水鸟和鸽子、鸭子等，成群结队地、悠游自在地玩耍。临河的小路上，多是跑步的，遛狗、散步的，还有游客。河床由北向南不断跌落，隔不远就有那种整齐的台阶，像瀑布似地让流水跌落，我忽然觉得，安藤在陶板名画庭

---

① 《京都日记》系列共14篇，是作者2002年间到日本度假期间所写的调查日记，其中第6、9、10、11和12篇以对城市和建筑的调查为主，是在调查当日，以日记的形式简单记录下访问中的所思所感，以防时间久远后遗忘。曾经由作者以Innes的网名，在清华大学水木清华BBS的某版发表，并转至建筑系版，且被收入精华版。后来因为网络隐私问题，请网管予以删除。但是在删除之前，已被其他网络资源转载。本次使用有微调。

所用的瀑布似的手法，有些类似这条河的景观，而且他的小桥穿插的空间，也似乎隐映着附近地带的河流上面无数的桥空间，或者还有河流中间的绿洲？不知道他当初的意匠了，我自己觉得倒是有这些意思的话，会很贴切京都的风貌。

回来的路上，悠闲地欣赏着河流，与沿河的风光，享受阳光照在背后的温暖，有一段是推着自行车步行的。我喜欢这种悠闲的生活，不禁希望长久地住在京都了。脑子里面也想着小说的事情，觉得莉香如果来到京都会作何感想呢？不过她是那种快乐活泼，喜欢都市生活的女孩子吧，也许像我一样年纪大了，也会喜欢这里？又想到这样优美的河滨实在应该有浪漫的爱情故事发生……

这样胡乱想着，已经回到了北山通，回到了会所。

6.1.3　鸭川

自公元 794 年平安京建成以来，原本规划为在鸭川和桂川之间的巨大城市，却一直都未能向西有效发展。平安京中轴线以西称作“长安”，以东称作“洛阳”。由于“长安”区域多为湿地，不宜建设城市，因此，长期处于荒废的境地。因此，多以“洛阳”称呼京都。加上镰仓时代中期，原大内里在战乱中荒废之后，天皇居住和办公的场所就由位于平安京的北部中轴上的内里，搬到了土御门东洞院内里。从源氏物语时代各王公大臣宅邸在平安京的分布来看，由处于中轴线上的千本通（平安京朱雀大路）和四条通所划分的四个区域中，东北部约有 110 处，东南部不足 50 处，中轴以西的部分，总计不足 40 处。因此，镰仓中后期以来的平安京，即主要在千本通与鸭川之间展开，尤其是四条通以北区域（图 6–18）。

而近代以来，鸭川不仅不再是作为城市东边界的“东河”，而是逐渐成为城市的轴线，京都的发展，沿鸭川两岸展开。在西阵工业区—京都御所—田字形区域所构成的历史性市街地区域中，鸭川以西地区以历史性街区为主，而以东地区，则以近代以来的建设地区为主。其中，琵琶湖疏水、京都大学等，均在此范围内。鸭川在当今京都城市生活中，扮演着重要的角色。

鸭川目前被辟为公园（图 6–19），河床部分低于两岸的城市道路，由此形成了一个有一定私密性的空间，相对于城市道路而言，更安静、更贴近自然，是市民散步、运动、自发性聚会、亲近自然的好去处。无论白天、晚上，人气都非常高。图 6–19 表示了鸭川公园的几种主要的活动，而人们利用它的方式，其实是无穷尽的。鸭川由北向南，汇集了贺茂川和高野川的山涧溪水，逶迤向西，与桂川汇合，最终汇入淀川水系，流经大阪，最终入海。因此，在近代琵琶湖疏水工程中，鸭川—高濑川水运，也是主要以与大阪的货物往来为主要目标。

沿鸭川—高濑川两岸，也串起了京都历史上的著名事件、人物和景点。京都三大祭之一的祇园祭，其游行队伍从四条通经河源町通交接处，是非常重要的一

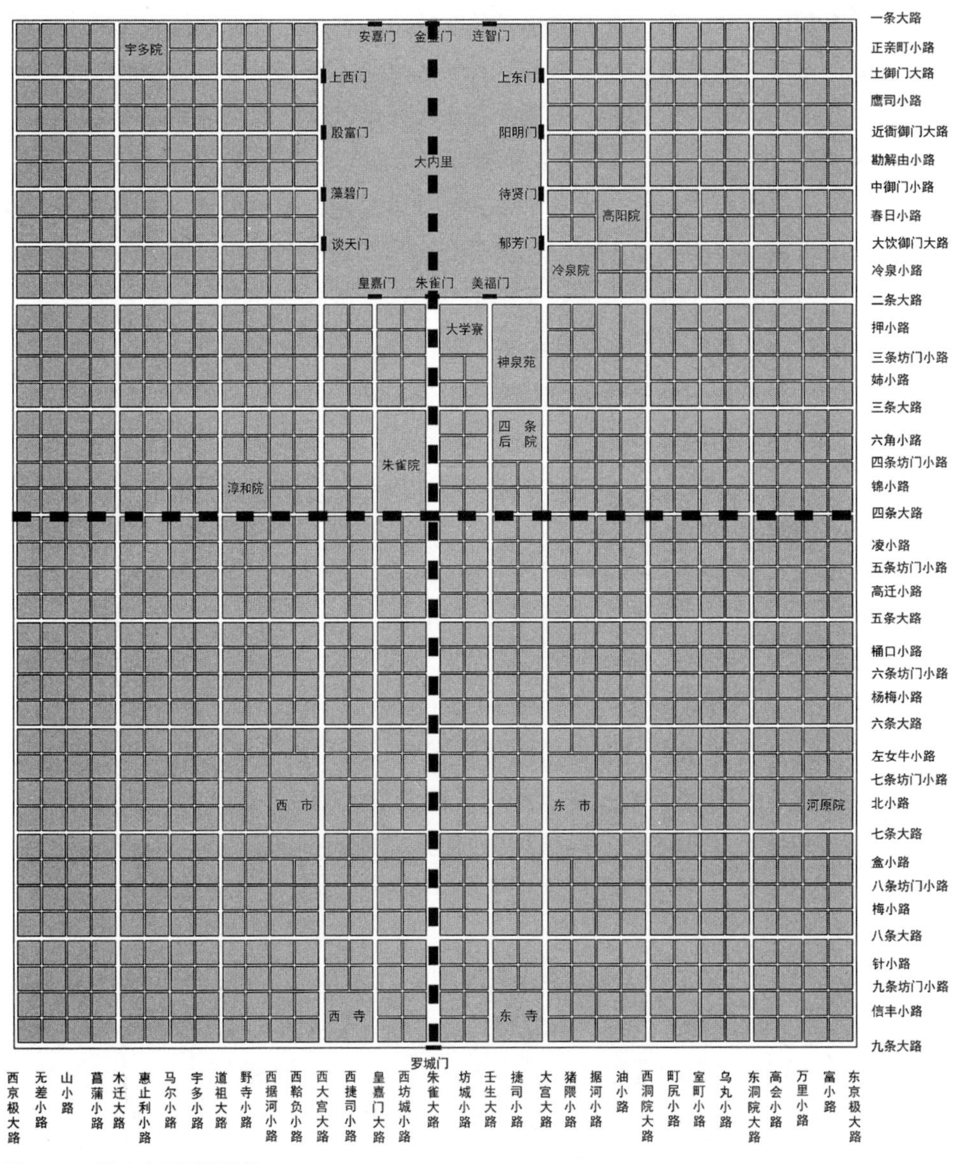

图 6–18　平安京平面图分析

（资料来源：自绘）

个节点，游客和市民争相在此观看。祇园祭的活动，也是在鸭川两岸展开。在京都景观保护政策中，鸭川占有重要的地位，眺望景观中，多处都与鸭川有关系，如五山放火等。

• 出町柳三角地旁边的小游园，草坪坡地上的石阶与石铺地上，用一定距离分置的座椅，为朋友聊天、母子游戏和休息的人们提供了良好的小憩氛围。

• 如图 6–19 所示，人们还可以通过河川中放置的形态各异的过河石头，由此走到三角地，野炊、聚餐……继续摸着石头过河的话，可以到对岸的出町柳车站。如果是夏天，还可以坐在大石头上，尽情戏水。

图 6–19　鸭川公园的活动

（资料来源：最后两张照片来自维基共享资源，其余均自摄、自绘 .
http://ja.wikipedia.org/wiki/%E9%B4%A8%E5%B7%9D_(%E6%B7%80%E5%B7%9D%E6%B0%B4%E7%B3%BB）

·每年京都市、各社区，以及社区培育协会等机构会联合举办各种各样、形式丰富的体验活动，旨在吸引市民和游人通过设定的线路，走访历史街区、历史建筑，了解京都城市历史和百姓的生活史，达到传播、传承文化的目的。

·图 6-19 是作者在某次参加秋季社区培育步行活动的时候，参观位于木屋町的京都传统产品制作过程，和参观著名建筑师安藤忠雄的作品 Times’时拍摄的照片。

6.1.4 京都的社区培育活动

京都作为一个有着悠久历史的古都，加上在第二次世界大战中免于破坏，因此拥有全国国宝的 20%、重要文化财的 14%。京都府的京都市、宇治市、滋贺县大津市的 17 件寺社等文化财共同作为“古都京都的文化财”，于 1994 年作为日本的第五个案例，登录为联合国的世界遗产。在这种背景下，京都的街区保全活动一直得到重视。明治维新以来，在发展与保全之间寻求平衡，力图保全街区的景观。但二战后的社会变化和经济优先的政策，导致古都景观逐渐遭到破坏。由此，引发了市民间关于街区保全的景观论争。这些，成为社区培育活动的基础。

1964 年建造的京都塔，引发了京都的“第 1 次景观论争”。而 20 世纪 70 年代以来的经济成长期中，风致地区和美观地区等战前的景观保护政策被搁置一边；同时，按照 1950 年的建筑基准法，传统的工法属于违法，这是不合理的做法。在上述做法影响下，经济泡沫期，有很多京町家在街区更新中遭到破坏，这引发了“第 2 次景观论争”（图 6-20）。在这些论争当中，京都市各界都参与进来，包括市民、市民团体、各界团体、官方、学界等，最终的结果在较大程度上反映了民意：整理并提出“山脉”是京都的都市景观要素，由此制定政策，抑制对山间土地的开发，并制定了市区建筑限高，以防止高层建筑进一步阻挡由市区望向山区的眺望景观。“景观条例”中，还对广告看板等设置进行了具体的规定。眺望景观的提出，是由市政府和各非营利组织共同发起，请全体市民投票选出的。根据票选，规定了三种眺望景观区域：眺望空间保全区域、近景设计保全区域和远景设计保全区域。在日本，上述这些与城市规划和街区保护有关的活动，称作まちづくり（Machizukuri），作者译作社区培育（于海漪，2011）。

社区培育活动实际上就是西方所说的“公众参与”社区规划，但是，日本人没有直接使用英文 public participation，或者其翻译用语，而是使用了一种非常日本味的、全部由平假名构成的专用词语，这其中所包含的不仅是言语的矜持，还有对本土文化的坚持，以及城市规划本土化实践的自豪。

社区培育活动包括社区规划及围绕其举办的各种工作坊等活动、社区培育教育活动，以及参与城市和社区组织的按图步行等参观活动。以祇园祭为例（图 6-21），作为日本三大祭之一的祇园祭（与大阪的天神祭、东京的山王祭并列），

京都饭店

（资料来源：自摄）

京都站

（资料来源：自摄）

京都塔

京都塔北望周边街区景观

图 6–20 引发京都景观论争的案例

（资料来源：维基共享资源 http://ja.wikipedia.org/wiki/%E3%83%95%E3%82%A1%E3%82%A4%E3%83%AB:Kyoto_Tower_201011.jpg）

也是京都三大祭之一（另外两个是上贺茂神社、下鸭神社的葵祭和平安神宫的时代祭），该活动的组织，非常注意如何吸引市民积极参与，有助于让年青一代了解民族传统和文化、保持传统习俗。比如，在活动举办之前、期间，做大量宣传，一方面为吸引游客，一方面也为向市民宣传。为了人们保持穿和服的习惯，鼓励在类似的传统节日、相关活动期间，如果穿和服上街，就可以享受免费乘公交车的待遇，等等。另外，活动中吸纳年轻人加入山鉾巡行、游行队伍等，少年儿童除了按照传统习俗参加者外，还有准备过程中的各种小手工坊等，尽量让他们通过有趣、动手的活动，达到动脑思考、加深理解和记忆的目的。

从京都的这些文化、历史、旅游、规划等相关部门合作的活动中，我们可以得到启发，能够真正体会文化规划究竟应怎样落实到城市中去。它不是规划建设一些场馆和活动场所就能实现的，必须有人，真正有效地使用它们；它也不是一个城市规划部门就能独自解决的，必须是多个相关部门联合策划、协调，才有可能实现，也才有可能实现得更好、更完美。这对我们理解人居环境科学的基本概

山鉾巡行

观看山鉾巡行

面向儿童的活动

市民参与

图 6-21　祇园祭活动

（资料来源：自摄）

念很有帮助，就是说，就其实质而言，城市是由各种不同的部门所推进的不同的事业所共同形成的，任何单独的部门的计划或者规划，都无法独自成功塑造一个城市，因此，对于城市规划的理解有这么几个方面值得思考：

第一，并非城市规划部门或者专家绘制的规划图和规划说明书，就真的足以很好地计划和规定一个城市的发展方向。从城市生活的现实出发，我们可以真正理解城市规划部门在城市中只不过是其中一个组成部门。

第二，各个部门的合作与协作是必要而且必需的。为了完成本部门的任务，各个部门之间必须相互协调，这是因为每一个部门不可能单独解决所有的问题，另外，每个部门都有自己的专长，放弃自己的专长而去追求“大全”式的工作效果是不合理的现象。

第三，各部门、协会和市民之间协作的基础是大家在这个过程中能够互利互惠。

如果将日本的社区培育与美国规划界 20 世纪 90 年代以来所探索的“沟通

式规划（communicative planning）”进行比较，我们可以发现许多共同之处，而且也能链接上整个中外规划历史中，关于“谁有权，并实际上左右了城市规划建设”这个课题的思索。“历史城市京都”这个案例，能够得到很好的诠释。张謇的案例也可以对该课题提供佐证，张謇作为个人，即使他掌握了大生纱厂等利润丰厚的企业，他和他的志同道合的同事和学生们，又是如何获得足以在近代较长时期内，影响整个南通市甚至通海地区城市规划与建设的权力的（H.Yu，T.Morita，2007）？实际上，任何人，如果有意愿、有合适的渠道，都有权力、也有能力对城市的发展，或者简单说城市规划与建设施加一定的影响，尤其是作为群体的人民，而不仅仅是市政部门、规划局，或者说官方。只是，在历史的不同时期，在与城市建设有关的产、官、民、学这四个主要的主导者之间，有力量的博弈与平衡，哪一方能够发挥更大的作用，要看当时的社会背景，以及各方的主观意愿。

日记栏－6：2005年10月19日 星期三，室内23℃

关于京都文化规划，午饭时想了一点。书的题目不太好定，文章可以一篇一篇地先写起来，包括京都、文化、规划、参与、历史等这几个主题。

我非常喜欢京都这个城市，因为它的城市环境非常好，包括生活环境、物质环境和文化与历史环境等几个方面，或者说几个层次。当然，当地的年轻人不一定非常喜欢，因为这里不是一个就业的好地方，没有大的企业和机构，附近的大阪是大城市，除了东京，人们会选择大阪作为工作的地方。

参与到3月21日为止的那次活动，可以看到，第一，百姓的参与，是受到主办单位的鼓励和引导的。比如，各个展览场馆都是免费开放的，这极大地方便和鼓励了市民和外地游客的参加。还有，主办机构包括几个部门，其中包括市内交通部门，他们联合出台的政策中，就有穿和服的人，在那段时间内可以免费乘车。这一方面有利于促进传统服装的延续使用，另一方面，那些穿和服的市民，也成为古都的一道活动的风景。类似的规定在各种祭等活动中，以及樱花季节都适用。

现状的京都是怎样形成的？这可以从规划建设的历史娓娓道来。今年刚好是平安京建城1200周年，活动相对更丰富。古代的平安京是学习中国的西安规划建设的，但是在近代它又转向学习西欧，到了今天，还持续向西方学习，但是，毕竟所形成的城市，既不是中国城市，也不是西方城市。因为其体系是日本人民的生活所孕育的日本文化。

从古代，到近代，到现在，市民在京都的形成中扮演了怎样的角色呢？历史上的名人事迹、京都文库、京都的名所散步等文献中汲取。还有著名的京都饭店、京都火车站的建设高度问题所引发的民众反对，最终导致了京都市建筑高度限制法规的出台。在这些过程中，市民都积极参与，体现了主人意识。

2006年11月4日

京都之所以成为今天这个样子，也是居民自己选择参与的结果。他们选择成为一个保存了历史的城市，而不是拆掉历史建筑、成为一个崭新的城市。但是这种选择，导致了年轻人不容易找到合适的工作，它不像大阪和东京那样看上去充满了活力，能够容纳各种各样的人，提供非常丰富多样的机会。但是，也许这正是京都人喜欢的样子，也正因为如此，京都才不是大阪，或者东京，而成为别具特色的京都。

其实，每个地方的今天，也都是历史上人们各种选择的结果。

6.2 大阪

6.2.1 中之岛

大阪中之岛（图 6–22）是大阪市中心的黄金地段，大阪市役所与日本银行大阪支店遥遥相对。在大阪作为“天下厨房”的江户时代，由于要利用堂岛川的水运线路，中之岛上林立着诸藩的藏屋敷，集中了全国各地的物资。现在，中之岛既保存了大量历史建筑，如国家重要文化财大阪府立中之岛图书馆和大阪市中央公会堂等文化设施；以及大阪帝国大学（现在的大阪大学）等近代以来的学校、医院等为市民服务的公共设施；另外，作为近代商都，还汇聚了日本银行大阪支店、三井大厦、大阪朝日新闻大厦等日本各大企业在大阪的总部，是情报与文化传播之地。

中之岛周边有诸多官公署，以及大阪最繁华的梅田交通、商业枢纽，梅田—中之岛区域内共有超高层建筑 60 余幢。近年来，大阪大学医学部附属医院原址的开发、国际会议中心、大阪市立科学馆的建设，以及国立国际美术馆的移入等，加上京阪中之岛线的建设，都促进了周边的再开发，使该地区仍然保持着大阪的经济与政治中心的地位。

由于中之岛在近代就是大阪的中心，因此，1903 年张謇访问大阪时，所参观的许多地点均位于该地，如中之岛医学校（后大阪大学医学部）、大阪造币局、爱珠幼稚园、爱日小学校、朝日新闻社等。另外，他下榻的旅馆，位于高丽桥附近，也在中之岛周边地区。

图 6–22 中，地图上部所附照片，由左向右顺序为：中之岛北堂岛川两岸、三井大厦、旧朝日新闻社大阪本社（拍摄当日的 2009 年 2 月 13 日是为本社，2013 年 1 月 1 日，本社搬到东临新建成的超高层建筑内）、日本银行大阪支店；地图下部所附照片，由左至右为：爱日小学校纪念碑、爱珠幼稚园、怀德堂纪念碑，以及适塾内的绪方洪庵像。

沿堂岛川和土佐堀川散步，可以看到身边是最亮丽、最先进的超高层建筑，与近代以来的西洋式样的建筑、日本传统式样的建筑，甚至有些破败、失修的保留建筑比肩（图 6–23），历史在此地演绎得异常鲜亮，令游人感慨；市民则得以徜徉在由远及近，仿佛能联系到过去与未来、理性而缜密、偶尔可引发各种断想

图 6–22　中之岛周边

（资料来源：地图引自江弘毅 . 中之岛 [J]. 月刊岛民 . 2009（7）：12–13；照片为作者自摄）

市役所与日本银行鸟瞰

中央公会堂

（资料来源：维基共享资源 http://ja.wikipedia.org/wiki/%E4%B8%AD%E4%B9%8B%E5%B3%B6_（%E5%A4%A7%E9%98%AA%E5%BA%9C））

科学馆与旧房子并存

各种建筑共存

（资料来源：自摄）

图 6-23　中之岛散步

的时空中。中之岛始终见证着大阪的建设、忙碌与繁荣。

6.2.2　天王寺公园

张謇曾经访问多次的天王寺劝业博场址，1909 年改建为天王寺公园，公园内包含天王寺动物园、新世界，即原来劝业博的高塔所在地，后来建设的通天塔至今也几经重建了。还有大阪市立美术馆、古迹庆泽园等。张謇访问的桃山女子师范学校，也在天王寺区，后并入大阪教育大学，现在有天王寺校区。

天王寺公园（图 6-24）围绕茶臼山展开。原劝业博场址，日俄战争中被日军征用，1909 年回归民用，当时原址东部 5 万坪辟为天王寺公园，西侧 2.8 万坪由大阪财界出资组建的大阪土地建物会社购买，用于开发新世界，因此命名为“新世界”，模仿巴黎的埃菲尔铁塔建设了通天阁，表现出对新开发地的美好愿望，

天王寺公园・动物园入口

从大阪市立美术馆眺望天王寺公园

通天阁周边夜景

庆泽园

图 6–24　天王寺公园周边

（资料来源：自摄）

这里也成为繁华的商业街区。20 世纪 90 年代进入衰退阶段，目前，这里萦绕着一种“昔日繁华街”的氛围。但是，随着 1996 年末 NHK 的连续电视小说《双胞胎》的播出和影响，新世界・通天阁逐渐为外地人所了解，成为大阪有代表性的周末观光地。城市或者街区的生命力，在世事中漂浮，“看不见的手” 有时候的确让人产生无力感。但是，无论哪一种努力也好，都是一种准备。而机会，永远只给予那些有准备的、有能力抓住它的人一瞬的青睐。

6.2.3　大阪海游馆

张謇曾经访问大阪筑港，也就是现在大阪港（图 6–25）的所在，现在仍然叫做筑港，属于大阪港区。他也曾访问堺水族馆。目前，大阪港区的海游馆据称是世界最大级的水族馆。

2007 年 8 月 25 日作者到大阪海游馆参观（图 6–26）。主馆一共 8 层，通过一个拱形的入口之后，人们就乘坐自动扶梯上到最上面的 8 层，由上而下，环绕着中央大水槽慢慢向下，历经 4 层的高度，一路观看中央大水槽里面的多种鱼

图 6–25　大阪港

（资料来源：维基共享资源 http://ja.wikipedia.org/wiki/%E3%83%95%E3%82%A1%E3%82%A4%E3%83%AB:Osaka_Seven-Seas-Mariner02n3200.jpg）

门前广场

（资料来源：维基共享资源 http://upload.wikimedia.org/wikipedia/commons/6/65/Osaka_Kaiyukan02s3872.jpg）

图 6–26　大阪海游馆

鲸鲨

近距离观看海洋动物

图 6–26　大阪海游馆（续）

（资料来源：自摄）

类，以及外环的各种小展馆。巨大水槽呈现出环太平洋海的意象，规模宏大，在展示设计方面与以往的水族馆有非常大的改变，试图营造出“环太平洋生命带”的概念，表现出作为港口城市，大阪的技术、雄心和魄力。

海游馆建筑面积 2.72 万 m^2，屋内水槽展示用水量 1.1 万 t，由于先进的设计和社会效果，被授予公共建筑赏。展示设计以鱼类穿越道・水门、日本森林、阿留申群岛、蒙特瑞湾、巴拿马湾、厄瓜多尔热带雨林、南极大陆、塔斯曼海、大堡礁、太平洋、濑户内海、智利岩礁地带、库克海峡、日本海沟、翩翩起舞的水母馆等不同主题为线索。其中，展示鲸鲨的太平洋水槽，长 34m、深 9m，水量 5400m^3，据网站说是亚洲唯一能展示鲸鲨的巨大水槽。

展示设计别具匠心，以玻璃隔断为截面，能够让参观者同时观看海洋动物在岸上、水上和水下的不同姿态和运动过程。整个馆的流线设计非常合理，但是由于游客事先不是特别了解，所以在最初看到喜爱的水族动物之时常常会拥堵不动，影响整个队伍的前进速度和通畅程度。当然，周末来馆的游人非常多。游人的构成以家族带孩童的本地人，和外地或者外国游客为主。经常会听到各种各样的中国话，从台湾话、广东话到东北话都有。

6.2.4 大阪历史博物馆

大阪历史博物馆的选址非常有讲究，由图 6–27 可见，它位于难波宫遗址公园北侧、大阪城公园南侧，是城市中非常有历史意味的一个地点。而且，由于该馆位于旧难波宫遗址区域内，因此，在该馆的地下一层，还保存有难波宫的遗构，可以引导参观者前往参观，真实地体验一下身处于旧城遗址的状况（图 6–28）。

图 6–27　大阪历史博物馆周边卫星图
（资料来源：引自 Yahoo 地图）

图 6–28　大阪历史博物馆
（资料来源：自摄）

博物馆建筑与NHK大阪放送局邻接，内部可以互相沟通，这在业务上有方便的地方，因为电视台也是一种文化展示的企业，在某些方面，两机构有合作的空间。博物馆的展示设计，与本地的难波宫有难解难分的关系。不但在设计中特别设置了眺望窗口，能够俯瞰整个难波宫遗址公园（图6-29），也在展示内容上，全面介绍了难波宫的历史、发掘历史等情况。并且在入口广场，专门设置了一个复原的高架式仓库，向公众展示其实际形态、尺寸，并与隔路相望的难波宫遗址公园遥相呼应。对于难波宫遗址来说，能够露天展示的部分，就放在遗址公园里，整饬的环境中，人们得以在实际地段上，以实际尺寸，亲自体会宫殿园区的大小和氛围。而宜于遮盖展示、以求保护的部分，则放在博物馆中进行展示。同时，高高的博物馆建筑，提供参观者视线上的连通，保持与难波宫遗址的理性关系。所以，从历史博物馆的选址、设计、展示安排到游览线路等，总体考虑非常缜密，对于历史遗迹的保护、研究与展示，进行了充分的论证和研究，力求达到某种平衡。

从上述对大阪和京都两个城市的参观记录来看，大阪与京都，在对待城市的历

后期难波宫复原模型
（资料来源：摄于大阪历史博物馆）

入口广场上高架式仓库展示
（资料来源：自摄）

馆内看大阪城
（资料来源：自摄）

馆内看难波宫遗址公园
（资料来源：自摄）

图6-29 大阪历史博物馆展示

史街区方面，采取了截然相反的两种做法，反映了两个城市的性质、功能和重点不同：大阪是西日本经济最发达的工商业城市，因此，经济因素是城市所考虑的第一位要素。在近代以来一直作为城市中心区的中之岛，大阪的做法是持续保持其在城市里的中心地位，时间延宕至今日，中之岛一如从前，仍然是城市的政治、经济和文化中心。社会发展过程中最先进的建筑技术，也仍然在此间有突出的表现。历史建筑要保护，先进技术也要展现，在这样的思想支配下，促成了超高层建筑的集中。

京都作为古都，自古以来，以政治、文化为中心。即使在经济繁荣的年代，也是作为都城，强行迁徙全国富人来居住而获得高级制造业方面的收益，这些随着首都地位的失去，也风光不再了。目前，无论在全国、在区域内、在京阪神大都市圈内，京都均不以经济为亮点。因此，其作为历史文化名城的意识占据上风，而且，这与京都市目前以文化、旅游为主要产业相关。这种观念已深入人心，因此才有一次又一次的景观论争。所以，无论大阪，还是京都，最终选择城市面貌的，是民众的意愿——人们希望自己生活于其中的城市，呈现怎样的整体风貌。

6.3 神户

港口城市神户（图6–30），明治前，作为“畿内”的西部而存在，神户港前身是京·大阪的外港，称作“兵库津”。遣隋使时代即已开港，对外交流。平清盛时代在计划建设福原京前后，成为贸易据点，称作“大轮田泊”。江户时代即有自治组织代表港町的滨方和代表宿场町的岗方存在。1868年，根据与西方的协议，被迫开港，将神户村辟为开港场，建设外国人居留地和港口。经过日清战争和第一次世界大战，神户港成为与上海、香港、新加坡规模相当的亚洲大港，至20世纪90年代初期，一直在为成为亚洲最大港口而努力。港口与造船、钢铁、机械等工业发展迅速，成为阪神工业地带的核心之一，并成长为日本少数几个重工业城市之一。

太平洋战争末期遭受大空袭，城市、港口、工商业设施等被严重破坏。战后的高度经济成长期内，开削市街后背部的山地，第一，将挖出的土砂用以建设以port island为代表的人工岛，以开发工商业、住宅和港湾用地。第二，取走土砂剩下的丘陵地，则用来进行住宅地和产业团地等开发。一系列政策被称作“向山、海进发”，重点在建设、整备城市基础设施。1981年，第一期人工岛竣工时成功召开了“神户人工岛博览会”，其都市经营手法在全国有“神户市株式会社”的称号，并以此引领全国从市町村到自治体经营的转变。

1995年阪神大震灾对神户市和神户港的损害巨大，在国际贸易港方面，被上海、香港、高雄、釜山等港口追上，相对地位下降。近年来，在震灾复兴中有所恢复，仍然是日本代表性的港湾都市。震灾后人口明显减少，城市活力下降，为此，神户市提出震灾复兴再开发事业、人工岛二期事业、神户医疗产业都市构想等一系列措施。至2004年11月，城市建设、人民生活及人口各方面，基本

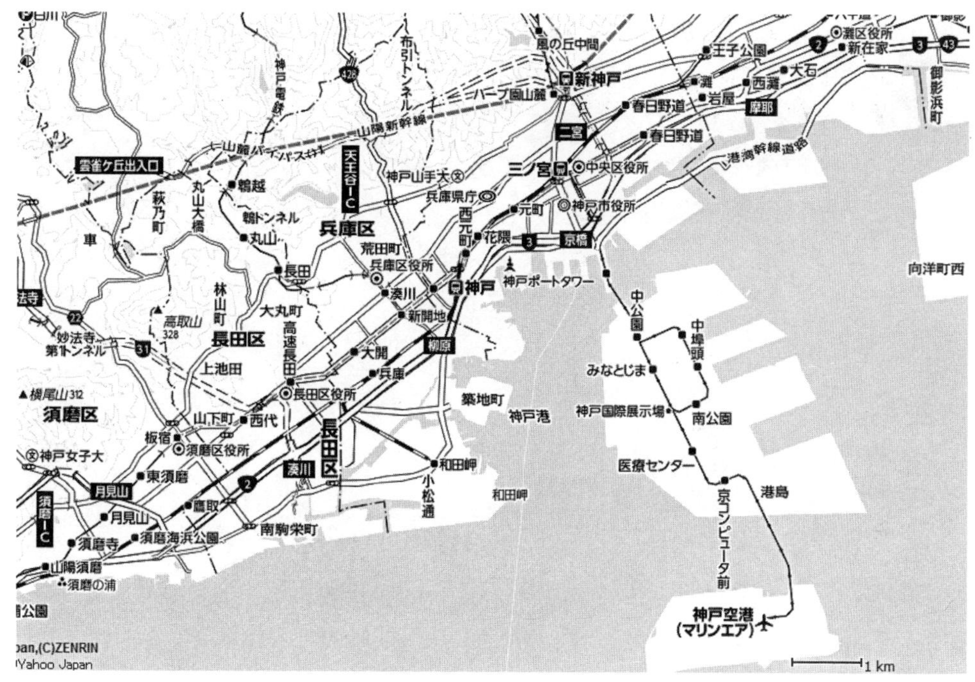

图 6–30　神户市地图示意
（资料来源：引自 Yahoo 地图）

恢复到震灾前的水平。2007 年 3 月的国势调查显示，人口数创历史新纪录，在全国城市中位于第五位。不过，东滩区和滩区等地域，也存在向中央区或大阪通勤的卧城现象（bed town）。

当前，神户市在震灾复兴中崛起，以崭新的姿态面对日本和世界城市：2007 年，入选福布斯“25 个世界最美丽城市”；2008 年作为第一个亚洲城市，被联合国教科文卫组织认定为“设计城市”；2012 年在瑞士 ECA 对全球 400 多个城市的调查中，神户市作为日本唯一的一个城市，跻身“世界最适宜居住的城市”前 10 位，全球第 5 位，亚洲仅次于新加坡列第 2 位。

神户市的发展历程，在城市史上非常有典型性，尤其在历史上并没有特别多积淀的中小城市中。首先，随着国内、国际形势的演变，不断审视自我、调整策略，在每个时代，能够提出对自身发展最有利的发展计划。其次，充分利用城市历史与传统、充分调动市民积极性。从上述回顾中可见，神户市有市民团体参与城市发展的传统。第三，城市发展中重大灾害的破坏力非常大，可以令几十年的建设荡然无存，如神户大空袭、阪神大震灾等，如何通过人民的努力和智慧去避免，是值得探讨的课题。

日记栏 –7：神户调查（图 6–31）

2007 年 7 月 29 日

直接到“高速神户”站，出站口就是凑川神社。张謇在日记中写，去了“凑

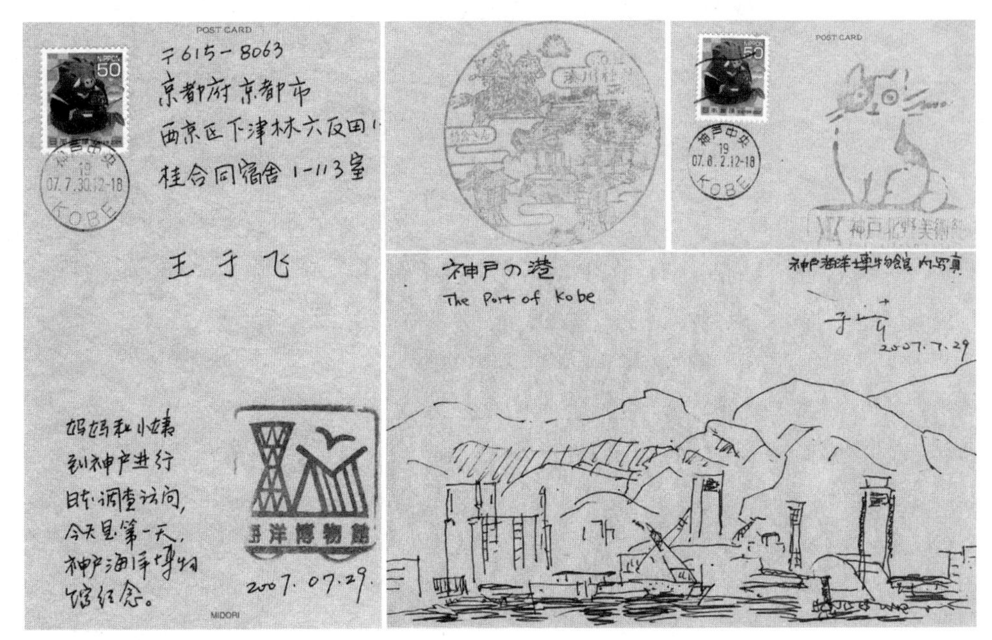

图 6–31　神户旅行明信片
（资料来源：自制）

川社水族馆”，我开始就以为是去了“凑川社”及“水族馆”；或者是去了“凑川社附近的水族馆”。根据这个线索，在网上查询地图的时候，发现了在距离凑川神社不远的码头处，有“神户海洋博物馆”，于是决定神户的两个主要参观地点，一个是凑川神社，一个是神户海洋博物馆。另外今天还去了南京町中华街，并为去淳久堂书店，而经过了元町商业街。

在海洋博物馆，看到一个大型的船的模型，比例为 1/8。舰名是 Rodney，1833 年造，英属，曾经编于英国驻中国舰队，1868 年曾经来神户，参加庆祝神户开港。

川崎造船所的创业者是川崎正藏（Shozo Kawasaki），初代社长是松方幸次郎 (Kojiro Matsukata)，类似张謇的地方很多，但是他们经营得很好，直到今天发展也非常好，还在南通办了造船厂。目前，制造产品非常多，从船、摩托车到新干线、飞机，甚至涉及航天业。分部遍及全球。他们除了制造和商业，也涉及社会公益事业，比如学校、新闻社和私人博物馆等。张謇的事业被国家的动荡、政府变更和社会发展所局限，没有他们这样光大。但是在最初，张謇的系统性甚至超过他们。带回一份英文介绍。

在川崎的介绍中，提到了曾经接待孙中山，舞子公园里面的孙文纪念馆原来是当时华侨实业家吴锦堂的私人别墅“移情阁（i jyuu kaku）”。

2007 年 8 月 2 日

今天的主要目的地是北野异人馆和神户市立博物馆。其间还去了神户市役所，东公园，外国人居留地。再次到淳久堂书店查询资料。

在神户新闻写真部编，《目で見るひょうご 100 年》神戸新聞総合版センタ

一，P58，发现了当年张謇所见的凑川神社境内的水族馆。原来是在另外一个地方，是日本第一个水族馆，后来移到神社境内，明治 43 年废弃。

在播磨地名研究会编，《姫路の町名》神戸新闻総合版センター、p110，写道，五郎右卫门邸，在姬路城北东的外曲轮的位置，当初是武家町。江户时代开始至今作为町的名字。在外濠，西面是米屋町，东面是福本町，南面是同心町。是铸物师的栋梁芥田五郎右卫门的家所在的地方，因此命名。

找到一些相关的图书资料名录，回头到图书馆借，或者买，包括：①神户绘图，1981 年，石原正作；②日本名所风俗图会，7，京都卷，角川书店；③明治大正图志，5，北海道，筑摩书房；④京都町共同体成立の研究，五岛邦治，平成 16 年。

6.3.1　城市景观

如图 6–30 所示，神户市夹在山与海之间，城市在沿东西向的狭长地带里展开。海岸边是原外国人居留地，保留有大量的近代历史建筑，神户市立博物馆就是利用原居留地 13 号馆改建而成；另外，目前港区仍作为港口在使用，有码头、海洋博物馆等建筑和公园、绿地。山地以北野町为中心，也分布着大量近代外国人住宅区，现在作为传统的建造物群保存地区予以保留，开辟为旅游资源。而在神户市旧街区，还有传统建筑和场所，如张謇曾经访问过的凑川神社（图 6–32），目前仍在使用中，除了一般神社机能外，这是一个专门纪念楠公的神社，因此有关于楠公事迹的介绍、纪念碑等。

神户的南京町中华街，是日本三大中华街之一（图 6–33）。在重访张謇课题开始，第一次的调查就选在神户，也是为了顺便到中华街去看看、置办一些中国人常用的材料，主要是厨房用食材等。看过长崎的新地中华街、神户的南京町之后，发现格局差不多，都基本上是一条街道，两侧沿街和门脸房，均是贩卖中国小吃、食品、食材等。商品价格比较合理，但是所谓中国料理，则多半是改良过的、适应日本人口味的。另外，让人哭笑不得的是，商店里面贩卖的商品，有许多是在中国 20 世纪 80 年代使用的，比如，有一种折叠扇子，打开后呈一个圆形，还有一些类似的商品，都是中国目前早已没有人使用的产品。我比较好奇的是，他们是从哪里进的货呢？这让我想起，就是 2002 年初次到日本的时候，有朋友跟我讲了一个故事，某留学生很多年没有回国，最近打算回国看看，跟朋友们咨询带点什么回去好，最后说要带个微波炉……被朋友们鄙视，因为国内已经都普及了，且很便宜。相隔一定时间和距离之后，总会有些隔膜的吧，无论是那些认为中国现在还没有电视机的日本老太太，还是这个打算带微波炉回国的留学生，并没有因为他是中国人就不会有陌生感。所以，交流、密切而频繁的交流，是非常重要的，两国间、两地的亲人间，都是如此。

南京町是在街的中部，有一个较开阔的小广场，建有一个重视亭子；长崎新地中华街则是在入口处有一个广场，在节日等时刻，可以用来举办热闹的舞狮子

图 6–32　凑川神社
（资料来源：自摄）

图 6–33　南京町中华街
（资料来源：自摄）

之类的活动吧。

从三宫・花时计前地铁站出来，就可以看到神户市役所，沿フラウーロード向海边走，道路西边有一个街头公园——东游园地公园（图 6–34），在繁华与热闹的市街之中，为市民营造出一个安静、能够接近自然的场所。

所谓花时计，就是一个用花做成的钟表，表盘由各种鲜艳的花朵制成，以花时计为起点的东游园地公园，是一个充满设计感的街头小游园，周边的高层办公楼里面工作的人们，空闲下来，即使不能亲自下去体验那里的鸟语花香，只是俯瞰，也会有耳目一新的愉悦吧。

阪神大震灾记忆，是一组雕塑，加上了一个时间停滞在震灾发生时刻的表。说明上面有这个雕塑的照片，是震灾发生后她倒在地上的情形。无论生死、痛苦

花时计

阪神大震灾记忆

游园景观

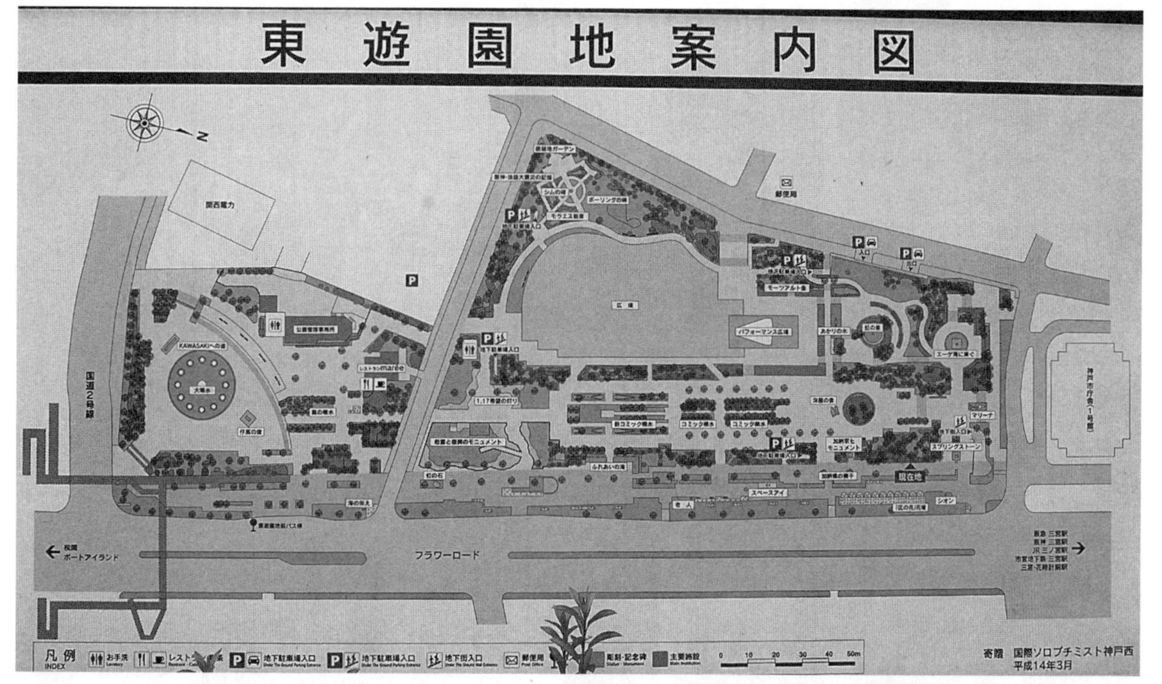

图 6–34　东游园地公园

（资料来源：自摄）

怎样折磨存活下来的人们，其实，最无情就是时间，它永远会按部就班地碾过，让幸福成为过去，让苦难也过去。

6.3.2 港区、市立博物馆、海洋博物馆

市立博物馆位于原外国人居留地内，利用13号馆改建而成，与神户的新港相距不远。神户港区域，叫大波止场町，从字面意思看，好像说的是港口的防波堤吧，很形象。港区有旅客码头、神户港塔、旅馆，以及神户海洋博物馆。虽然说是叫做海洋博物馆，其实也算是一个历史博物馆，展示了神户发展的历史，因为神户的城市史，是与港口、造船业等无法分割的，并由此衍生出来了机械制造业和重工业等产业。川崎造船所等地方企业就是这样一步一步发展、壮大起来的。

参观过的长崎港和神户港的旅客码头都非常开放、透明，从旅客大厅到室外登船，流线很简洁，港口也非常干净、整洁。作为一个向公众开放的港口区域，有漂亮的轮船造型的旅馆、古船实物展示，室外活动场地上经常举办各种各样的社会活动、市民活动，而位于这样的广场环境中，海洋博物馆，也很容易地融入到公共空间中去（图6-35）。

市立博物馆——旧居留地13号馆

街头小绿地

神户海洋博物馆

神户港

海洋博物馆前的广场活动

图6-35　港区、海洋博物馆、历史博物馆

（资料来源：自摄）

6.3.3　山地、北野町、异人馆

神户开港后，在海岸通开辟了专门给外国人居住、工作的外国人居留地，其实，这是幕府的一种措施，目的是不希望外国人与日本人民杂居，担心那样会带坏日本人，使他们产生一些不必要的杂念，就像幕府对传教士一贯持有敌视和警惕一样。但是在居留地还没有建成的时候，在山地这边有外国人与日本人杂居的区域，比如北野山本通。而且，随着越来越多的外国人的住宅建成，形成了规模效应，渐渐地在此间也自发形成了一个外国人聚居区，被当地人称作“异人馆”。

异人馆的住宅多数是西方样式，拥有共同的特征，如飘窗、红瓦屋面上烟囱高耸等。在此街区，个别和风住宅也有建造的情况。但是主要表现出一种典型的代表了异国情绪的神户街区。1979 年，神户市决定北野町山本通区域，作为传统的建造物群保存地区进行整体保护（图 6–36）。

目前，该地区的街区、建筑均呈现出较为协调的整体意象，建筑保护、修缮之后，也都投入使用，像比较著名的风见鸡馆、萌黄馆等，辟为小型博物馆，一方面展示房屋本身的建造和使用历史、房屋主人在神户的生活史等；另一方面，

传统的建筑物群保存地区展示牌

街区景观

萌黄馆

风见鸡馆与日本神社并立

图 6–36　北野町异人馆
（资料来源：自摄）

图 6–37　风见鸡馆前小广场
（资料来源：自摄）

图 6–38　山地街巷
（资料来源：自摄）

图 6–39　小型博物馆眺望
（资料来源：自摄）

也介绍北野町的历史。还有的作为美术馆、小商店、咖啡茶室等，总之，现在都在正常使用中：既不破坏原建筑的风貌和结构、构造等，又能赋予一定的现实功能，使其能够在活性的使用中，自然延续其生命力（图 6–37~ 图 6–39）。

6.3.4　丸山地区、真野地区社区培育的原点

从前述对神户市发展历程的介绍，以及在各分主题的介绍中，我们能够隐隐感觉到一条线索，即神户市民在城市建设和街区保存中，一方面展现出刻苦耐劳的品质，另一方面，也拥有主人翁精神和高度责任感。这种责任感非常突出地表现在神户市社区培育活动的开展、推动，以及在全国的领先地位中。

20 世纪 60 年代中期，是各国群众运动意识高涨的时期。在神户市丸山池地区和真野地区，分别针对公害开展了居民抵抗运动，而这些领先全国的公众参与社区规划的实践，后来被称作“社区培育活动的原点”。在其后几十年的探索中，以上述两地区为代表的神户市民及市民组织，始终居于日本社区培育活动的领先位置，为实践探索、理论总结与推广、法规制定、都市计划修订等环节贡献了自己的智慧。比如，20 世纪 70 年代末期，北野町山本通地区的《条例为基础的都市景观形成地区指定第一号》（1978 年）是全国首批制定的都市景观条例之一。

1974 年的神户社区卡片、1981 年的神户市地区计划及社区培育协定等相关条例、1980 年的丸山地区、真野地区社区培育协议会或推进会、1993 年的神户町社区培育中心成立、1995 年的野田北部地区区划整理与内发的社区培育活动（震灾复兴型），等等，神户市的这些探索，与全国的其他案例一起，共同构成了社区培育的实践，逐渐形成其概念，并使其深入民心（于海漪，2011）。

在这个过程中，地方大学的都市计划和建筑计划研究室的师生，渐渐参与进来，并逐渐承担起案例调查、分析、发表，最后进行理论升华的工作。

6.4　姬路

图 6-40、图 6-41 所示的姬路城，1993 年登录为联合国世界遗产。被批准的理由包括，其木造建筑物优美，象征着明治以前的封建制度，是日本最高的木造建筑物。关于姬路城的始建，一说是在 1346 年由赤松贞范筑城，《姬路城史》等采用这个说法。目前保存的姬路城是日本近世城郭的代表性遗构，江户以前的天守，现存仅 12 座，此其中之一。现存建筑中有 8 栋为国宝、74 栋为指定重要文化财。

图 6-40　姬路城
（资料来源：维基共享资源）

图 6-41　姬路城图（大正 2 年）

由于是日本第一批申报世界遗产成功的案例（同时申报的还有法隆寺地域的佛教建筑物），因此，日本国内对姬路城的保护、修缮等工作特别重视。1935~1955 年经历了昭和大修理；1956 年开始进行天守大修理，将全体巨大的构造物解体，在这个过程中，发现了许多与建造相关的文书，对于姬路城的研究起到了极大的促进作用；1998 年发现了《播州姬路城图》，使人们对已消失的御殿、屋敷等旧时的样子有可能了解，并进一步展开研究。平成的修理预定期间为 2009 年 6 月 27 日至 2015 年 3 月 18 日，预算为 28 亿日元。

2000 年设姬路城管理事务所、2001 年设置姬路城防灾中心，以确保对其进行稳定的、制度化的保护、修缮。2006 年入选“日本 100 名城”,2012 年入选“世界名城 25 选”。

日记栏 -8：姬路城参观

2007 年 8 月 4 日（图 6-42 ~ 图 6-45）

正好遇到了“城祭”，登姬路城不要门票，还有好多市民活动。

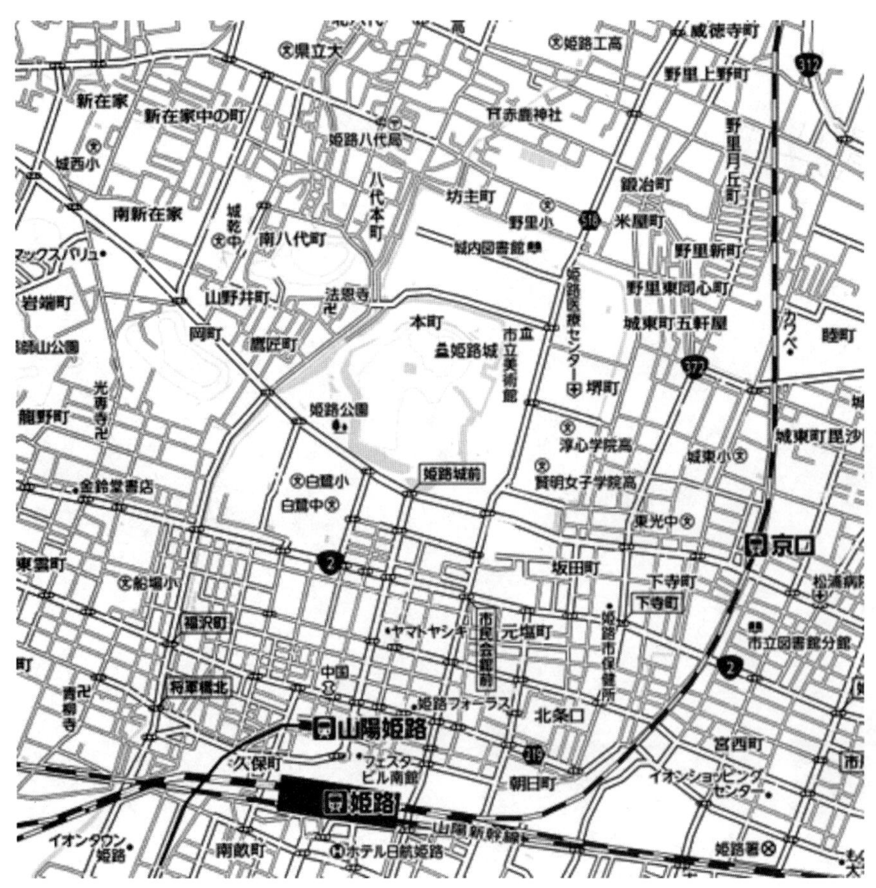

图 6-42　姬路城周边地图（2013 年）

（资料来源：引自 Yahoo 地图）

图 6-43　城上鸟瞰

（资料来源：自摄）

图 6-44　市立美术馆

（资料来源：维基共享资源 http://ja.wikipedia.org/wiki/%E3%83%95%E3%82%A1%E3%82%A4%E3%83%AB:Himeji_City_Museum_of_Art04s3872.jpg）

图 6–45　城祭群众活动
（资料来源：自摄）

姬路城的外濠之内，是很多学校、医院和博物馆等文化建筑，和动物园、公园等大片绿地，位于城市的中心，非常令人羡慕。我要去的五郎右卫门邸，就在外濠之外城的东北角，显得非常衰败。

我想这么著名的历史遗迹为什么张謇没有提到呢？从参观中发现姬路是一个军事城市，难道是这个原因？后来发现的图书资料显示，在大正年代，现在外濠之内的那些学校、博物馆的位置，当年都是军队和司令部等，大概张謇来的时候就已经是这样了，军事设施不可以参观的原因吧。不过，就算是东京等地，也没有张謇游览的记录，或许真正的原因是他以考察教育和实业为主，不关心其他的。不过他在东京对帝国博物馆可是有所关注，那也是因为他要在中国倡导建设博物馆的原因吧。

第 7 章　东京繁昌记

自明治维新以来，东京是日本事实上的首都（维基百科）。从这个说法来看，存在着暧昧不清之处，大约是因为在《江户改称为东京诏书》中，只说了“将江户改称为东京，从此将东西日本视为一家”。实际上，就是在没有正式文件佐证的基础上，现在的日本，希望把东京作为日本首都的日期，提前到上述诏书颁布之日。

目前，有明确的说法，在正式的行政区划定义上，作为首都的东京指的是东京都（图 7–1），其中包括东京都区部、多摩地域、东京都岛屿部。东京都区部，即东京都东部包括 23 个特别区的地域，相当于 1943 年之前的东京市的地域，又称为东京 23 区或东京特别区。以东京都为中心，加上埼玉县、千叶县、神奈川县和茨城县的区域，又称东京圈，或首都圈。

2012 年联合国统计显示，东京圈成为世界上最大的 Mega–city，GDP 超过纽约成为世界第一。东京—川崎—横滨都市圈，在商业、人才、文化、政治等综合评测中，紧跟纽约、伦敦、巴黎之后，世界都市综合排名第 4 位。东京的发展，

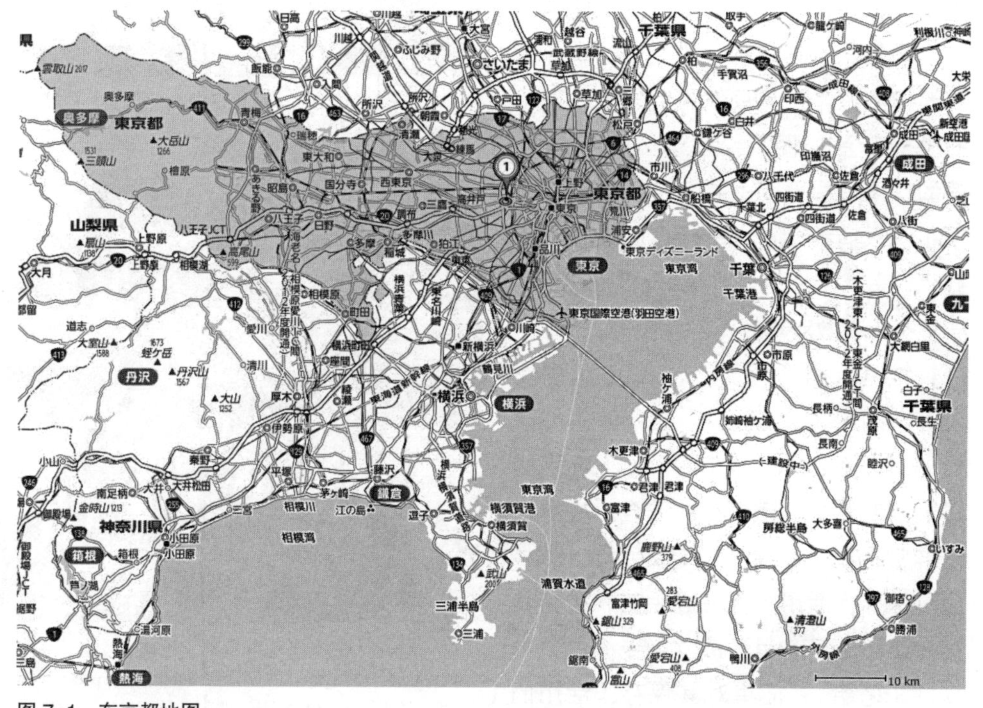

图 7–1　东京都地图

（资料来源：引自 Yahoo 地图）

无疑也得益于其区域战略。

不过，由于张謇并未把东京作为访问的重要地点，而且，东京非常大、距离作者居住的京都比较远，因此，也未作为本次研究调查的重点。仅就能够找到的张謇居住地点、访问地点，本乡馆—东京大学—东大植物园进行了再访；另外，根据个人兴趣，对表参道 Hills—六本木东京中城（东京 Midtown）—森大厦（森ビル），以及东京火车站—国际会议中心—国会议事堂周边等进行了调查访问。

7.1　本乡馆——东京大学——东大植物园

张謇访问东京的时候，曾经住在位于东京大学附近的本乡馆，因此，本乡馆那个时候应该是作为旅馆在经营，但因为距离各大学较近，所以多半住了一些大学生。随着经营者的变迁，本乡馆时而作旅馆、时而只作为供学生住宿用的“寄宿舍”。图 7-2 显示 2007 年本乡馆的样子，从地图上看，它距离东京大学正门只有约 200m 的距离。由于它承载了许多人求学生涯的美好记忆，所以，一直有人在做对本乡馆的保护等工作。

维基百科资料显示，2007 年房屋所有者因为建筑老朽化，提出了拆除改建的计划，2010~2011 年间，东京的建筑家们对本乡馆保存的调查、提案工作异常稠密，希望能够认定为文化财，通过保存、活用、再生等手法，维持其存在，2011 年 4 月还成立了专门的“本乡馆思考会”，征集对其保存、活用的签名。但是在没有获得官方资助的情况

与东大的位置关系

（资料来源：根据 yahoo 地图绘制）

本乡馆

（资料来源：自摄）

鸟瞰

（资料来源：维基共享资源 http://ja.wikipedia.org/wiki/%E3%83%95%E3%82%A1%E3%82%A4%E3%83%AB:Hongohkan_1.JPG）

图 7-2　本乡馆

下，根据所有者的意愿，还是在 2011 年 7 月决定拆除，12 月拆除完了。

这样看起来，2007 年的访问还是很及时的，如果延误至今的话，也许就只有到“迹地”的石碑前缅怀的机会了。参观时看到，该房屋的确非常破败，而且作为三层木构建筑（图 7–3），其结构、防火等方面应该是存在不少的隐患。如果没有资金来改变其作为学生宿舍的功能，不宜继续使用。

图 7–3　本乡馆沿街
（资料来源：自摄）

还有一个问题，张謇 1903 年赴日，但是所有的网络资源都显示它是 1905 年建设的，也没有说之前还有一个旧馆，等等。从日记看，张謇确定是曾经住过，而且距离高校近，因此中国留学生多住此，与本乡馆作为学生宿舍的历史也相符。所以，对于 1905 年建成这个说法，我只能存疑。而这个疑问，也许随着它的解体，再也无法追问了。

东京大学，在本乡地区是无可忽视的一个存在，可以说这个地区就是为东大服务的区域。本乡馆附近，还有求道学社、朝阳馆、凤鸣馆、太荣馆等，而能够充分反映青年生活环境的场所，是求道学社和本乡馆，本乡地区可以称作东京大学的学生街。

东京大学成立于 1877 年，是日本第一所近代化大学，略称为东大。它是日本获得国家资助最多的国立大学，也为日本的科技发展作出了相应的巨大贡献。校园内外有各个时期的建筑物、遗构、纪念物等，充分显示了其历史之悠久。

现在，东京大学本乡校区的大部分土地，当初都是加贺藩主前田家的土地。因此，东大有两个门与前田家有关，一是东大赤门（图 7–4），是建于 1827 年的日式御守殿门，为纪念加贺藩主前田齐泰娶了 11 代将军德川家齐的女儿溶姬。二是怀德门（图 7–5），利用原怀德馆的西洋馆遗构建成，为了纪念太平洋战争的东京大空袭给东大留下的创伤吧。怀德馆包括和馆和西洋馆，与怀德园一起，在土地置换之际，由前田家寄赠给东京大学做迎宾馆，空袭时东大其他建筑均无事，只有西洋馆被毁。东大校区内有许多建筑呈现西洋式样，因为创办之初，锐意模仿、学习西方。后来新建的建筑，也多半与原有建筑尽量协调。但是在赤门附近新建的赤门综合研究所，则为了与赤门协调，在入口处搭了一个非常简洁的斜坡小雨棚。

图 7–4 赤门综合研究所与赤门
（资料来源：自摄）

图 7–5 东大怀德门
（资料来源：自摄）

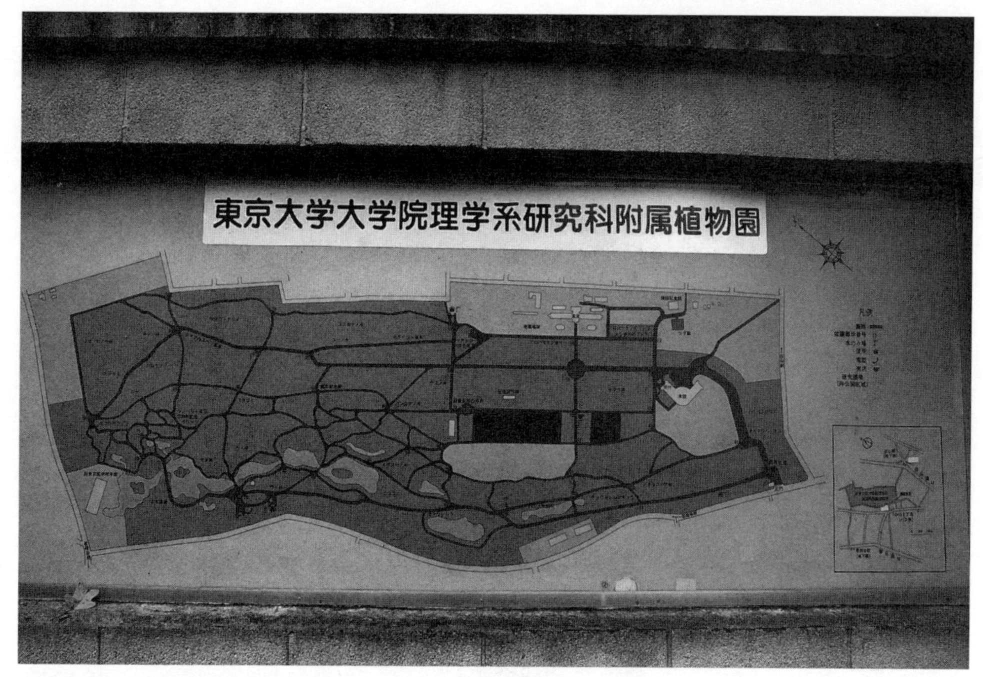

图 7–6　东大植物园平面图
（资料来源：自摄）

东大植物园距离本乡校区不远，张謇曾到此参加嘉纳治五郎为其举办的与日本教育家见面咨询的游园会（图 7–6）。

7.2　上野公园——东京国立博物馆

1873 年，上野公园（图 7–7）建于武藏野台地末端的舌状台地，总面积 53 万 m^2，郁郁葱葱，环境非常好，被称作“上野的森”。上野公园及其周边，目前集中了东京国立博物馆、国立西洋美术馆、国立科学博物馆等，是大量美术馆、博物馆、图书馆等集中的公共文化教育与休闲场所；同时，周边还有东京艺术大学、东京大学、艺术大学附属音乐高等学校、都立上野高等学校等；另外，还有东京文化会馆、日本学士院、日本艺术院等文化设施。加上上野动物园、不忍池等，整体上构成了一个非常大的、高效率的文化、艺术、学术、公共活动于一体的区域，为周边居民以及全国人民服务。

作者于 2002 年首次前往，是作为旅游者。第二次是 2007 年，作为研究调查的一部分，目的有两个，第一是参观东京国立博物馆，因为张謇以此为模板，在《变法平议》中即向清政府推荐，希望国家建设国立博物馆，达到公共教育的目的；后来他通过集资在南通办了中国第一个博物馆——南通博物苑。第二是收集资料，因为有许多珍贵的资料，或者其他渠道找不到的，在这里有可能找到。参观的那日，正是博物馆举办大德川展的期间。

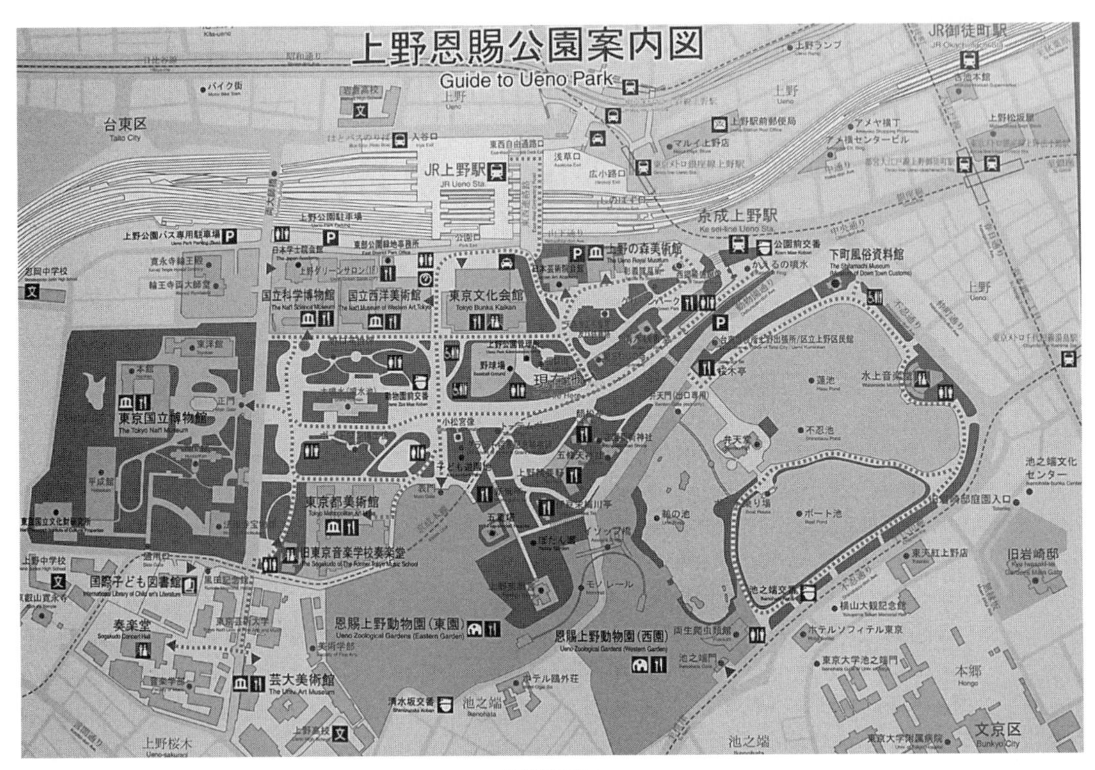

公园平面图

（资料来源：摄自公园展示牌）

东京国立博物馆

（资料来源：自摄）

图 7–7　上野公园周边

国际儿童图书馆

（资料来源：自摄）

国立科学博物馆

（资料来源：维基共享资源 http://upload.wikimedia.org/wikipedia/commons/3/3d/NMNC01s3200.jpg）

图 7–7　上野公园周边（续）

国立科学博物馆，前身是教育博物馆，由手岛精一等创办，这个在前面曾有介绍。国际儿童图书馆位于上野公园周边，相对较清净的街巷中。

7.3 表参道 Hills——东京 Midtown——森大厦

2007 年 10 月 31 日，作者一早乘地铁来到表参道 Hills；参观完毕后，沿 413 国道向东，步行，穿过青山墓地，在乃木坂转 319 国道，中午到六本木 Hills 参观东京 Midtown；最后，傍晚时分步行至六本木 Hills 的森大厦，主要到上面的展望台俯瞰东京，顺便看夜景。

表参道 Hills（Omotesando Hills）是 2006 年开业的一个大型商业项目，位于明治神宫前神宫道北侧，与神宫前小学校相邻。该项目所在地段狭长且位于坡地上。地段内原有的同润会青山公寓建于 1927 年，本项目是拆除破败的公寓后，在原址进行的综合开发。项目由森建筑开发、安藤忠雄设计，全长 250m，为保持与神宫道的景观协调，建成地上、地下各三层的建筑物。

表参道 Hills 由西向东，分为西馆、本馆和同润馆三个部分，主要包括商店、住宅、停车场等多种功能。其中，同润馆是复建原来同润会公寓的一部分，现在也用作商店。该项目所处地段周边，均是世界名牌专卖店，如 Dios、Louis Vuitton 等，图 7–8 标示出了这些主要的名牌店的位置，虽然规模不大，但大多也由著名建筑师设计，所以表参道两侧，是世界名牌奢侈品与著名建筑师作品的大汇集。表参道 Hills 项目中的商店部分，也主要为国际、国内名牌服饰精品店。内部设计中，考虑到坡地性质，使用大台阶的方式，构筑了一个狭长的中庭空间，

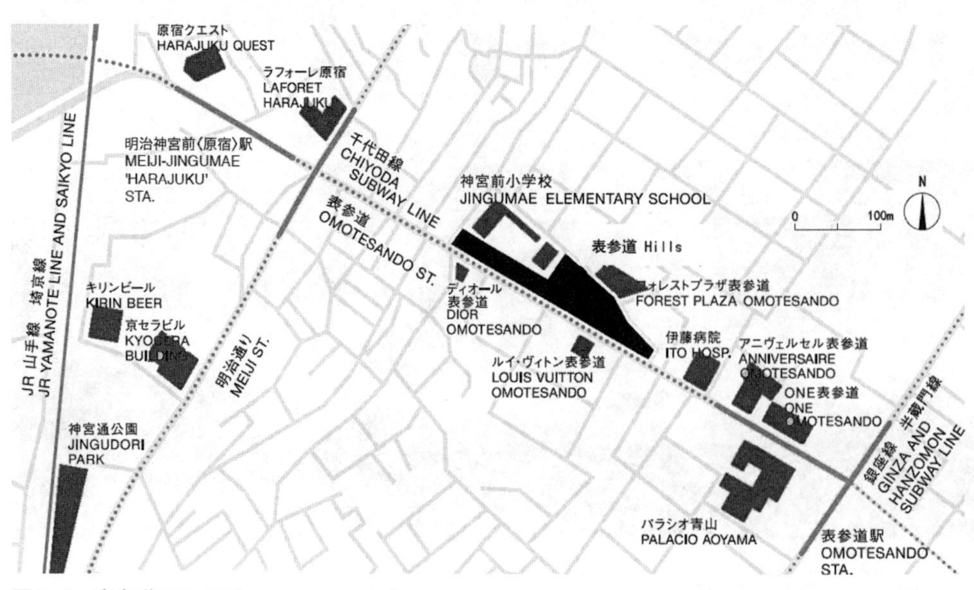

图 7–8 表参道 Hills 周边

（资料来源：根据表参道 Hills 网站地图改绘）

可用于表演活动。

本项目的设计颇花费了一些心思，首先是设计构思，以体现“和”的意味为主线，强调让表参道周围的居民，和前来此地的人们，感受其不断创造新生事物的能力，在绿荫环抱中，孕育新的相逢、发现和喜悦的，全球性的“舞台”。其次，表参道 Hills 项目的标志设计，利用“参”这个汉字的形状，进行变形设计而成，试图令人联想，这一项目能够代表性地体现表参道的景观，及以此为据点向世界传送日本文化信息。变形后的“参”字下面的三道横线做成类似汉字“乡”的样式，意图代表表参道 Hills 项目建筑设计中的“螺旋形斜面”这一主题。标志设计由日本著名的图像设计集团 Tycoon Graphics 负责。

日记栏 –9：2007 年 10 月 31 日表参道 Hills—东京 Midtown—森大厦

从 Metoro 银座线·表参道站出来，迎面就是一片高级、西化、商业区。表参道也就是一个高级商店的集合体。与它直接邻接的有同润馆，好像是需保存的古建筑，被充分地包裹在表参道里面。不过交接处有点乱，过分复杂化。另外一个是神宫前小学校，在 Hills 末端、后身，影响不大，不是直接相交。

Hills 自身沿街立面很长，分成几段处理，下部以玻璃统一（图 7–9）。Hills 的本意大概是可以由外部坡道及台阶直接一路走上绿化屋顶。可是，在实际使用中，被管理者阻拦，当初的设计意图也就不能实现。神宫道对面也是高级商店区，包括 Chanel、Louis Vuitton、Fendi、United Coloers 等。10 点 30 分，开始向六本木进发。

东京 Midtown，是近年来一项成功的大型商业开发项目，位于东京都港区的多用途都市开发计划区，占地面积约 10 万 m^2，总建筑面积约 56.9 万 m^2（图 7–10）。城市设计由 SOM 负责，建筑设计是日建设计，景观设计由 EDAW Inc 负责，商业设施的设计由 Com–municationArts.Inc 和隈研吾建筑都市设计事务所承担，住宅楼的设计由坂仓建筑研究所承担，楼体外观设计由青木淳建筑规划事务所指导，还有安藤忠雄和三宅一生负责设计的小博物馆 21_21 DESIGN SIGHT。整个设计团队的多元化和复杂性，保证了项目的活力与创意，有利于激发彼此的设计灵感，避免呆板单调的作品出现。

项目包括酒店、住宅、办公室、商业与文化空间、医院、公园等多种设施。主要设施包括东京丽嘉酒店和三得利美术馆，另外，随着项目的建成，许多企业将总部迁来，比如雅虎日本、富士胶片和著名电子游戏公司 Konami 等。从总图上看，整个场地主要分为两个部分，第一是作为主体的六栋超高层建筑，及其所围合的室内外公共空间；第二是环绕建筑部分的室外庭院，这包括一个街头小游园，从国道 319 上，将步行人流引向位于场地北东部的大型室外草坪，以及保留、复建的江户时代长州藩毛利家花园——桧町公园。在小游园向公共草坪转折的地方，利用小三角地，巧妙地设置了小博物馆 21_21 DESIGN SIGHT。

图 7–9　表参道 Hills

（资料来源：维基共享资源 http://zh.wikipedia.org/wiki/File:Omote–sando03s3200.jpg）

以贴近自然为要旨。大片的绿地上，既保留了老的日式庭院，也保留了100 多株珍贵苗木，另外，景观配置的错落有致，城市设计、建筑设计和景观设计的高度结合，都给该项目带来了巨大的吸引力，不单吸引大公司入驻，也吸引游客和周边市民前来聚会、游玩。艺术氛围浓厚是该项目的一个大的特点，大型的、小型的各种博物馆、艺术馆、艺术设计中心等种类繁多，让人们随时可以偶遇。

复合的功能配置，是东京 Midtown，或者说是现在比较能够获得一致同意的一种城市设计观念，与雅典宪章所倡导的严格的城市功能分区不同，混合的、多样的、能够创造复杂性与偶然性的公共空间，可以更好地满足人们的生活需求，也能激发创新思维。

日记栏 –10：2007 年 10 月 31 日东京 Midtown

所谓 Midtown 是一个高档商住组合，有一个导游带几个外国人参观，游客问到这些住宅的使用方式，回答是出租用。

庭院设计很日本化，大粒卵石铺水池边，弧形小拱桥很有气氛。水边小绿

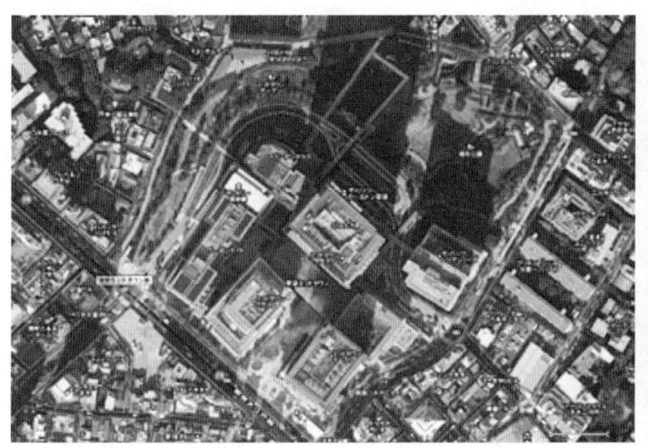
卫星图
（资料来源：引自 Yahoo 地图）

21_21 DESIGN SIGHT
（资料来源：自摄）

室外庭院
（资料来源：自摄）

桧町公园
（资料来源：自摄）

图 7–10　六本木东京 Midtown

地经过了仔细的设计，植物配置丰富、错落有致。中间铺红色碎石，使不露泥土。

这个区域太高级、太光鲜，一般老百姓也只是浏览一下，或者到公园游玩。但是好处也就在于此：各个阶层均能受益的一个公共空间。

后面有很大的绿地和花园，小桥、流水、池、亭、石、树，设计得恰到好处。绿地上，Midtown 巨大建筑的阴影边缘，几个母亲推着婴儿车停下，铺上野餐垫准备和孩子们吃午餐了。仰望高高的塔楼，落地玻璃窗的后面，不知有谁、做什么的人俯瞰下面渺小的普通人，他们只能在被光鲜的玻璃包裹起来的建筑外面作陪衬，阶级的隔离，其实也是人为选择的结果（图 7–11）。

六本木 Hills 森大厦，是不是很眼熟——对了，又是一个 Hills，这说明它们都是森建筑（森ビル株式会社）这个专门从事市街地再开发事业的公司所拥有、开发的综合项目，分别于 2003 和 2006 年完成的这两个项目，为森建筑带来了巨大的经济利益和知名度。在中国上海，该公司开发、运营有上海环球金融中心。

森大厦是一个眺望东京市区景观的好去处，同时它本身也是一个包含丰富功

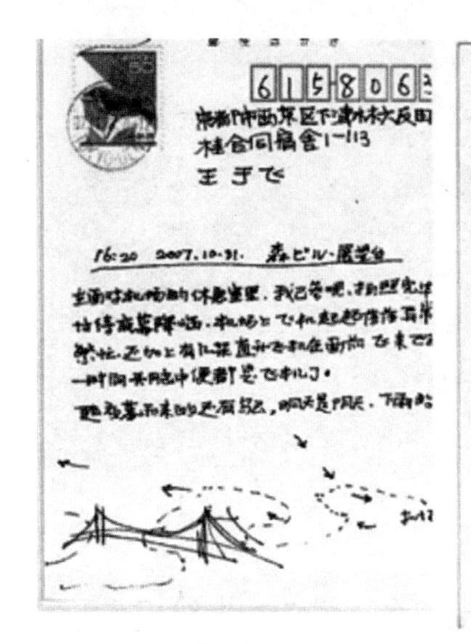

图 7–11　东京旅行明信片
（资料来源：自绘）

能、复杂有趣公共空间的地方。从地铁站出来，可乘电梯直接上二层的室外庭院，相当于架空的一个花园，花园提供了相对地面层更安静、安全的步行空间，它还把森大厦与周围建筑相联系。

在室外参观完毕后，作者直接上了展望台，来此的主要目的是看风景、拍照片，等着看夜景出现。目前的东京太大，在地面上无法把握其整体形象，不能对它有一个总体概念。

图 7–12 显示，在皇居、上野公园等处，城市保有大片森林绿地；眺望东京塔周边，能够看到远处繁忙的东京港；东京 Midtown 与森大厦同在六本木地区，可以近距离考察其城市设计的体形设计，一方面，高低错落有致，无论白天还是夜晚都有良好的景观效果；另一方面，可以看出有非常明显的 SOM 城市设计的一贯风格。最后一张是为森大厦本身存照，丰富的功能，也只能有这样丰满的体形了。

日记栏 –11：2007 年 10 月 8 日

选择在 10 月访问这个计划中最重要的城市之一，札幌，是因为通常 10 月开始北海道就会进入寒冷的季节，旅馆会比较便宜。结果因为机票的折腾不得已在 9 月初正在长崎的时候操着不流利的日语生平第一次给服务机构打电话，退掉了先前预订的旅馆，然后回到家，先定了 ANA 的旅割机票，然后定了一个靠近札幌站的小旅馆，没有网络。

乘坐 ANA1713 航班 11：35 从关西空港出发，13：30 抵达札幌新千岁空港，乘坐 JR 快速火车从新千岁空港至札幌站花了 36 分钟，步行到预定的旅馆——位

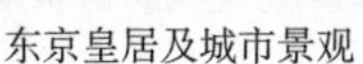

东京皇居及城市景观

东京 Midtown

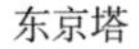

东京塔

东京 Midtown 夜景

森大厦

图 7-12　森大厦及其眺望景观

（资料来源：维基共享资源 http://ja.wikipedia.org/wiki/%E3%83%95%E3%82%A1%E3%82%A4%E3%83%AB:Roppongi_Hills_Mori_Tower_from_Tokyo_Tower_Day.jpg）

于札幌站前通旁边的北 2 西 3 地块的 HOTEL 时计台——还不到 15:00，不过已经可以 check in 了。

在关西空港第一次体验通过 ANA 的 IC 卡预订机票的登机手续，不用打印的机票，只要用 IC 卡，在自动登录机上一扫描，就可以出现预订机票的信息，打印登机牌，然后托运行李。

在飞机就要着陆前 20 分钟，从机窗向外观看，是一个绿色的岛屿被大海环绕，可以清晰地看到港口、房屋、大片的农田和山区。有一种白色的细微尘埃状的白絮时不时地出现，开始我以为是空气中的一种奇怪的尘埃状的云，后来发现其实还是海面上的，再后来靠近海面的时候可以看清楚，不是污物，其实是海水中的一些小漩涡。

从火车上看北海道的住宅，是非常明显的美国风格，不是南方那种一个挨着一个的房子，而是北美那种每家一个院落、分散开来的独立住宅，建筑的式样也是北美风格居多。回去的时候，火车上和飞机上一定要把照相机带在身边，拍摄一些照片才好。

到了旅馆安顿下之后，就背着照相机，沿着创成川北上，过了铁道之后先到中央邮便局去买了一些北海道纪念邮票，居然花了7200日元，害得我拿出手机来算了半天。后来到了Teise发现它竟然是一个保龄球馆。回程按照计划穿过札幌站，去纪伊国屋书店。在书店的收获很多，花销也很多，居然花了1万多日元，来时带的4万日元，交旅馆费2万日元，邮票7000日元，已经所剩无几了，只好动用信用卡支付。

买好书之后到火车站地下的小吃街吃饭，也没有什么好吃的，就吃了一个咖喱饭，850日元，也不便宜。明天去北海道大学，学校里面应该比较便宜一点吧。下面是以下几天的计划：

10月8日，星期一，假日，京都－札幌，纪伊国屋书店买书。

10月9日，星期二，北海道大学参观并查找资料，主要是札幌农学校时代的资料，以及整个北海道发展的；然后是北海道博物馆，文书馆（旧道厅）。

10月10日，星期三，真驹内公园原种畜场遗址和羊丘公园，主要是当时的种畜场和牧场；平岸小学校；时计台，大通公园。

10月11日，星期四，北海道拓植园，主要是农场。

10月12日，星期五，小樽。

10月13日，星期六，10点退房，回京都。

第 8 章　依然北海道

8.1　札幌街衢

因为《非诚勿扰》，我们对北海道的了解似乎更多了一些吧。不过在那之前，2007 年作者去访问的时候，脑子里充满的是如何找寻张謇访问过的地方、如何收集资料，完成调查任务是第一位的。张謇对北海道非常有兴趣，因为这里不是像大阪和东京那些发展历史长的城市；而且札幌这个城市，规模比较小，又有他非常有兴趣的农学校和大型农场。因此，张謇在北海道访问的场所比较多，第一，对札幌街衢（图 8–1），张謇有非常明确的赞赏，因为只用了大概 20~30 年的样子，就在一片荒地上建成了这样一个充满现代感的新型都市，这应该是给了张謇非常大的信心，因为他的家乡南通也是一个小地方，历史上也没有特别大的发展。第二，因为陪同张謇访问的是札幌农学校的校长佐藤昌介，而该校以农业为主，与京都、东京的综合大学相比较，更符合南通或者通海垦牧公司的需求，所以张謇参观得也仔细。第三，到真驹内的种畜场和前田农场作了实地调查。所以作者的调查也就沿着这三条线索展开。

图 8–1 所示是札幌市中心现在的情况，1903 年张謇来札参观时的城市街道格局基本没有大的改变，但是札幌人有一个特点，就是经常把一个建筑挪来移去，比如，图示中札幌市时计台，是原来札幌农学校的演武场，根据图 8–2，该建筑由原来的位置，整体搬迁到了现在时计台的位置，因为用地情况的改变。而札幌农学校，也于 1903 年搬到了图 8–1 所示的现在的北海道大学所在地。

另外了解到的两个案例，一是张謇等人一起吃饭的丰平馆，由原来位于大通公园附近的城市中心区，搬迁到了目前的所在地；二是札幌农学校 1903 年搬至新校址、第二农场废弃后，作为历史建筑，整体搬迁到学校的东北角，即目前所在的位置，予以保护和展示。

图 8–3 所示为札幌时计台，现在所扮演的角色是一个小型展览馆和资料馆，用于展览札幌农学校的办学历史，以及札幌城市建设的历史。本次作者的调查，大多数文献资料，基本上是在时计台、文书馆和北海道大学百年纪念馆找到的。

由图 8–1 可见，新的北海道厅和道议会，仍然在原红砖道厅舍同一个街区内（图 8–4、图 8–5），重新建设，把已经成为重要文化财的旧建筑，改用作道立文书馆，供人们参观和查找历史资料。虽然说叫做文书馆，但是因为建筑本身是文物建筑，所以，很大程度上，这个红砖建筑就是最好的展示品。内部设有展

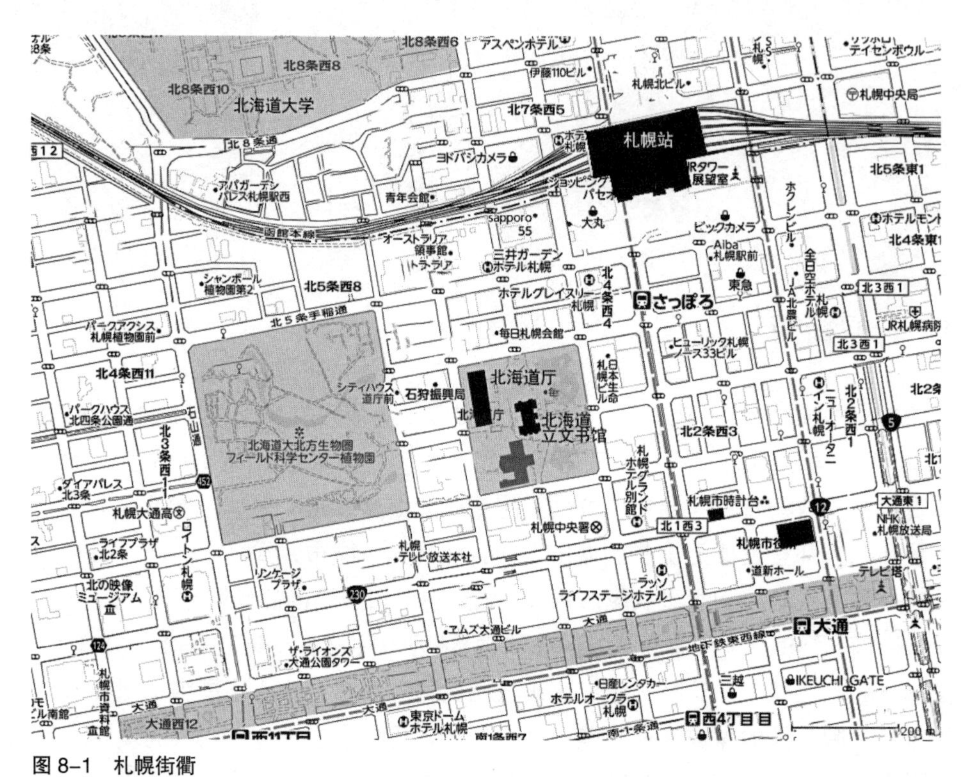

图 8–1　札幌街衢

（资料来源：根据 yahoo 地图绘制）

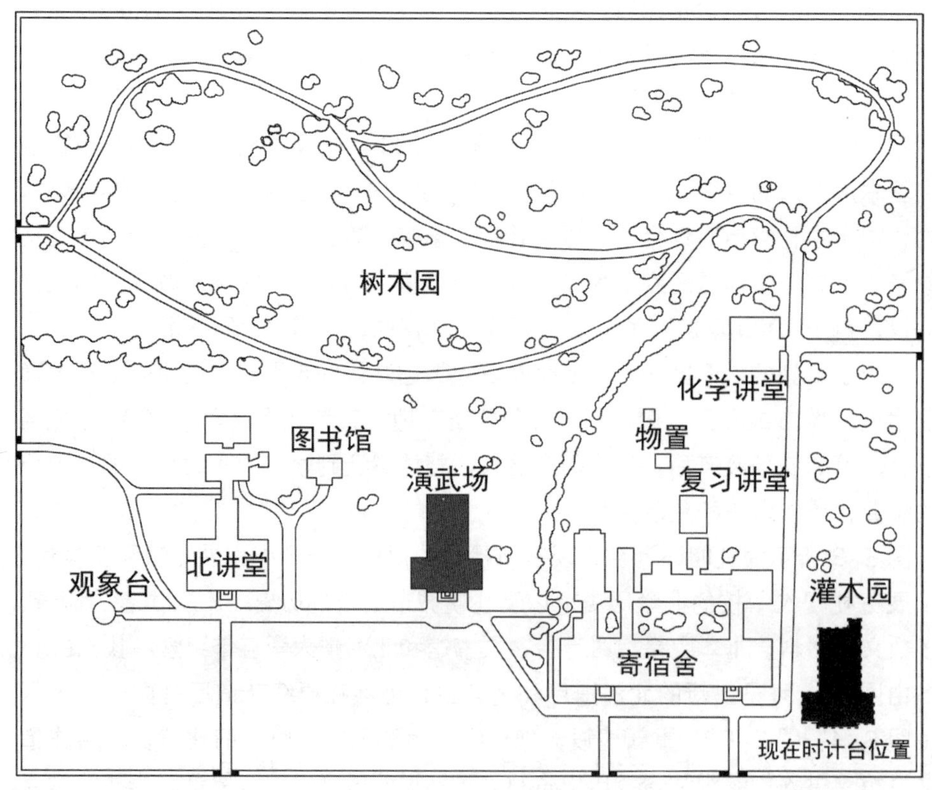

图 8–2　演武场搬迁示意

（资料来源：自绘）

图 8–3　札幌时计台
（资料来源：自摄）

图 8–4　北海道厅
（资料来源：自摄）

图 8-5　北海道立文书馆
（资料来源：自摄）

示室，房间内部保持了旧时的风貌。而在文献资料方面，除了收藏许多关于北海道建设历史的图书，供查阅者翻阅外，还可以复制。另外，有缩微胶片机供来访者使用。在资料提供方面，可以说既全，又先进、便捷。

新的北海道厅舍建成于 1968 年，采用钢筋混凝土构造。建筑外观简洁大方，反映了建造年代的时代特征。

大通公园（图 8-6、图 8-7），在札幌街衢中扮演着东西轴线的角色，从东端的电视塔开始，到西端的札幌市资料馆结束，是一个绵延连续 12 个街区的城市中心花园。每一个街区里面有不同的主题，围绕主题，为市民提供不同的公共活动空间，并进行景观设计。总体来说是绿色的森林环绕中，一个宁静时可宁静、热闹时可欢乐的多功能公园。既是街头的绿地，又因为其巨大的尺度，而让人只记得其“城市—中心—花园”的身份。

在 1869 年由开拓使判官岛义勇主持的城市规划中，只是设立了大通路，路北是官厅署，路南是人民的区域，用这条宽阔的马路，把官民分隔开来，这个设计思想倒是非常像中国古代封建社会的规划，最早是曹魏邺城这样明确划分，后来被各都城规划沿用。后来，主持规划的工作由岩村通俊负责，他在 1871 年的规划中，以目前大通公园的位置为基准，设立了“火防线”，保留空白地带，使官民两边的火不会蔓延过界。当时规定的宽度是 105m，严重超出了当时日本都市建设的常识。

此后，经过一系列的土地占用、返还、局部花园建设等，至 1980 年逐渐形成

大通公园看电视塔

（资料来源：自摄）

开拓纪念碑

（资料来源：自摄）

电视塔上鸟瞰大通公园

（资料来源：维基共享资源 http://ja.wikipedia.org/wiki/%E3%83%95%E3%82%A1%E3%82%A4%E3%83%AB:Sapporo1.jpg）

图 8–6　大通公园

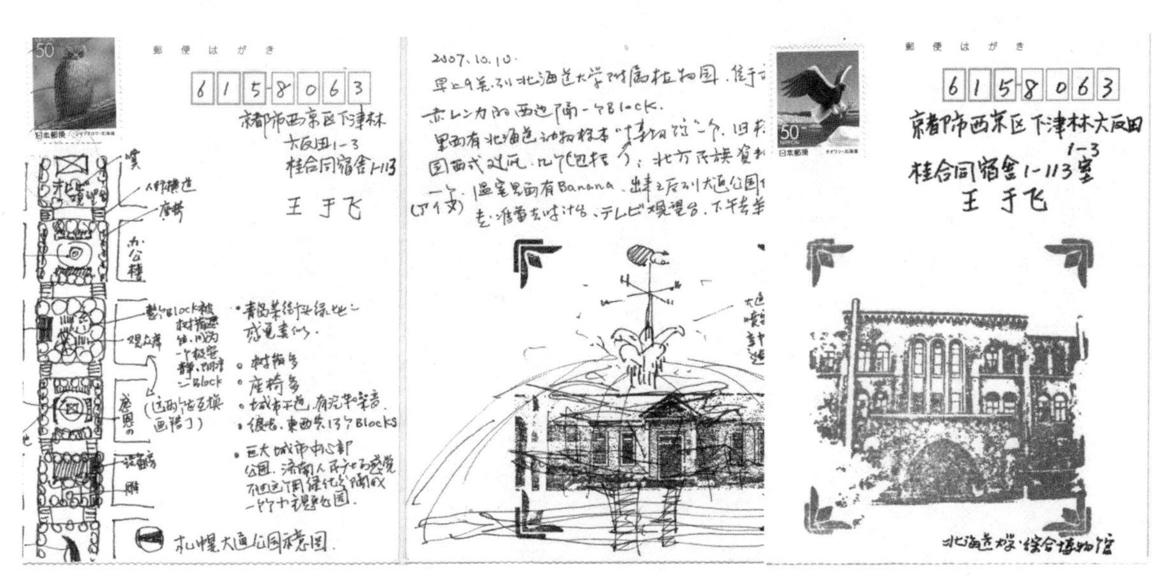

图 8–7　札幌旅行明信片 –1

（资料来源：自绘）

了目前这个样子的公园，官方予以公布，面积约 7.9hm^2，并入选了都市景观 100 选。

从地图看，在如今密集的城市街区中，北海道大学在如此靠近城市核心的地段，能够以巨大的尺度存在，没有被要求搬迁到郊区，体现了官、民等各方对该校的重视。

8.2　北海道大学——札幌农学校第 2 农场

北海道大学（略称北大，图 8–8）的前身，是札幌农学校，1903 年张謇来访时曾经访问过。由于 1903 年农学校刚好搬迁过一次，对照张謇日记中所记，他们当时参观的应该是新校区。不过，学校的发展是一步一步演变而来的，所以，张謇所见的新校区，与目前的札幌校区不可同日而语。图 8–9 是在学校参观时，在学校服务中心取得的校区导览图，非常周到地准备了各种语言的版本，方便大家使用，以增进对学校的了解。

北海道大学札幌校区的建筑物，1903 年左右建成的，基本上是西方近代建筑样式；战后所建，逐渐有新建筑。总的风格是西方近代 + 现代建筑。大概因为是农学校的缘故吧，整个校区的绿化做得非常好，加上有 1 和 2 两个农场，确实如图所示，是在密集街区里的一块绿洲。

札幌校区的范围非常大，而且很空旷，这与之前参观过的京都大学、早稻田大学、同志社女子大学等老学校很不一样，应该是地广人稀吧。而且，规划设计人员的习惯也有影响。札幌校区的规划和建设都是由美国校长负责的，如同札幌

图 8–8　北海道大学大门

（资料来源：自摄）

的建筑，至今保留着西方样式的痕迹。作者在从机场前来札幌的火车上，就发现了这个现象。札幌那种类似美国独立别墅式的一户建，与其他城市的有明显的区别。

如图 8-9 所示，北海道大学札幌校区，对于城市来说，一方面是传播知识、提供科技服务的场所，许多公共设施，如综合博物馆、百年纪念会馆、第 2 农场展示场等，都是为公众提供历史、社会和文化信息的场所。另一方面，非常难能

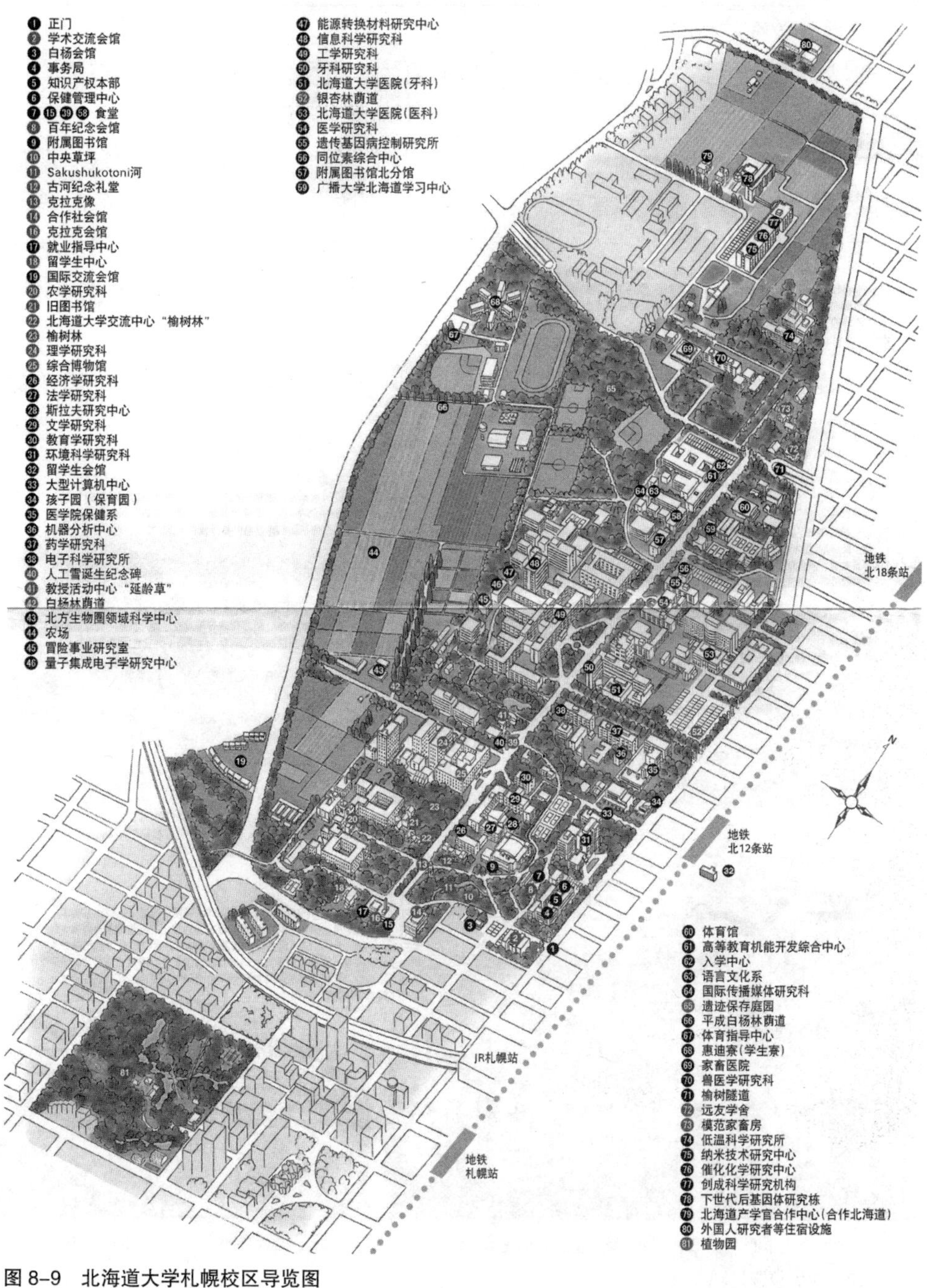

图 8-9　北海道大学札幌校区导览图

（资料来源：北海道大学宣传资料）

可贵的是，在如今密集的城市中心区，广阔的校园、良好的绿化，能够给城市带来最好的绿色和清新的空气。

对于大学而言，能够保有为学生实习等教学所需的大片农场，同时，校区接近城市中心，大学在发挥服务社会的职能时，可以更方便，也便于学生接触社会。在校园规划方面，虽然校区内自成一体，但是，学校的基本路网，尤其是靠近密集城区的东、南两个方向，与城市街道、路网交接良好。功能上，也把便于对外开放的部分放在这两个方向上。

北大的综合博物馆，有关于本校发展历史的常设展，也有与其他展馆共同策划的巡回展，比如，作者访问时，正好在举行国内几所大学共同组织的关于两位京都大学出身的诺贝尔物理学获奖者汤川秀树和朝永振一郎教授的巡回展。规范的博物馆管理，有助于提高博物馆的业务水平、为校内外观众提供更好的服务。

百年纪念馆，是一个非常小的建筑物，尽管北大富有土地，但是并没有把精力和金钱投放在这种庆祝活动中。它也是一个小型的展览馆，同时，又是一个小而安静的餐馆和咖啡室。

随着学校的发展，校内现存各个不同时代的建筑物（图 8-10），如张謇

综合博物馆

百年纪念会馆

北大交流中心——旧札幌农学校昆虫及养蚕学教室

Clark 会馆

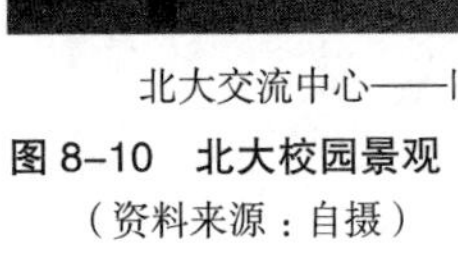

图 8-10　北大校园景观

（资料来源：自摄）

1903 年来访时所见到的理化学教学楼、农学教学楼等，都是新建筑，现在则成为古老的、见证着历史的建筑，随处会摆放个牌子，告诉来访者和学生，提醒注意它光辉的历史，珍惜现在的学习和交流的机会。

图 8–9 中标注为 42 号的白杨林，是建校之初就种植的，到如今已经超过 60 年的规定年龄，因此，校方要设一个专门的牌子，提醒大家，它们是超高龄的树木，随时有可能倒下，请大家注意安全，尽量绕行。但是，这个地方，也就成为了一个见证历史的所在。当作者来到此处的时候，非常感慨，那么、那么高的杨树林，它们见过张謇来到农场，细心地观察、记录、询问，他的身影消失了，照片上所有其他的、那些当时的人们：老师们、学生们都消失了，而树林仍然在，只不过，它们从不多言，只有风，也许凛冽、也许和煦，大约只随它们的心情好坏吧……（图 8–11）

札幌农学校第 2 农场，在废弃不用之后，被认定为重要文化财，因此进行了整体搬迁，由校园的南部，搬到校园最北部，详细情形参看图 8–12。

搬迁到现址之后，作为模范养牛场，进行常设展。几个建筑，按照使用的大

2007 年

明治年间（文字作者附）

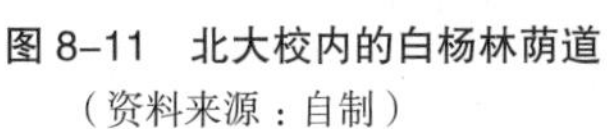

图 8–11　北大校内的白杨林荫道
（资料来源：自制）

移设前的第 2 农场设施
明治 9 年（1876 年）至 43 年（1910 年）
与明治 24 年相似

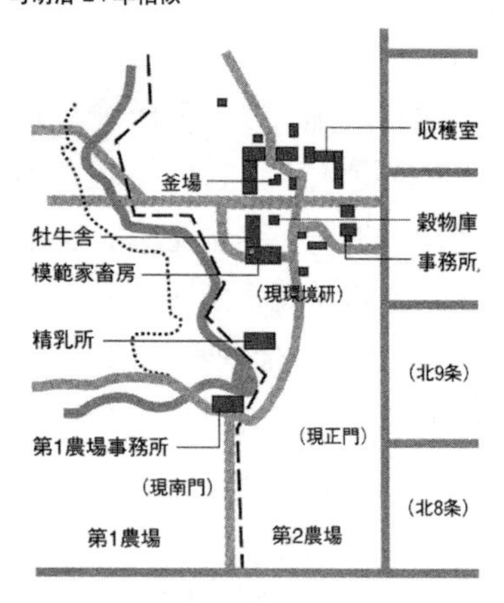

总图与现在的大学本部、地球环境科学研究科、大计中心一带相当。

根据明治 35 年左右的地图做成

农学校校舍的移转，①→②随着医、工、理学部等及附属设施的新设及发展，农场用地逐渐缩小，第 1 场设施沿 1-2-3 的位置、第 2 农场的设施沿 A-B-C 的位置移转。

移设后的第 2 农场设施
明治 44 年（1911 年）至昭和 42 年（1967 年）
与昭和 30 年图相似

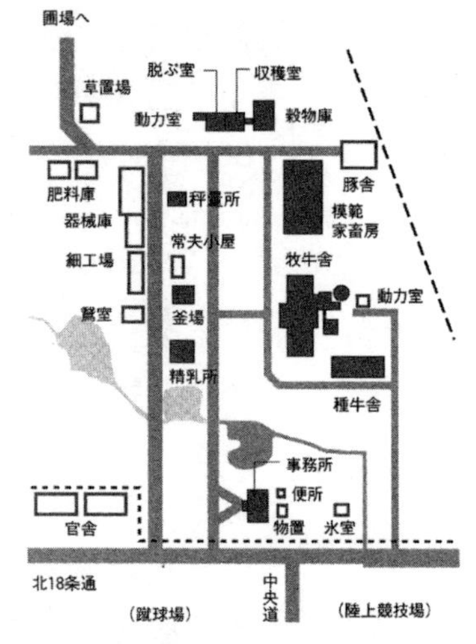

填充颜色的建筑物现存，其他建筑物在指定为重要文化财之前，已拆掉。

图 8-12　北大第 2 农场的变迁
（资料来源：根据北海道大学宣传资料绘制）

概顺序，以及展示方便的方式排列，加上周围的树木，共同围合起一个室外空间，建筑物的内部可以进入参观，按照当时养牛的实际情况摆设，也有农具和图片展览。建筑的四周均可参观。这个小小的实物展览馆，给后人了解历史情况，提供了便利条件，也可作为一种旅游资源（图 8-13）。

日记栏 -12：2007 年 10 月 9 日

今天去北海道大学。早上 8：20 出门，路上遇到一群一群步行的上班族，黑压压的、一起等绿灯过马路。仔细看起来，还真的是，绝大多数上班族都是男士啊……

从某种意义上说，北海道大学好像是清华和北大的二合一，首先它简称“北大”，念作 Hokudai；其次它的校园南端，有一个“清华亭”（Seikatei），这是北海道大学的前身——札幌农学校——的校方招待所，现在则成为“市的重要文化财”摆在那里，腐朽中。

北大，非常大，可以说广阔，回想今天早上清冷的风，真的感觉像似到了北方，怀念北京中。我重新感觉到了迎风流泪，看到较宽的人行道，比清华还空旷

第 2 农场

第 2 农场农具展示

图 8-13　第 2 农场展示
（资料来源：自摄）

的校园，长长、长长的绿廊一样的大路，不过那行道树不是高高挺拔的杨树，具体是什么我也不清楚。跟以前所见的京都和东京的日本大学相比，这可真叫一个广漠啊。如果说京大是精致细腻的京味庭院与粗犷、拥挤的各年代实验建筑的混合物，那么北大则是北方凛冽秋风中，清爽的高级商务街衢尽头一个荒凉的自然环境里，人的痕迹。

校区内整个一条笔直的南北大道，都用步行来完成了，加上中间还绕到西边的北方生物圈 field 去了一下，脚板走僵了，差不多。但是为了完成任务，还是先尽量找寻历史的痕迹，还是得先去北端的札幌农学校第 2 农场。

这里是 130 多年前，学校的副校长及创办人 Dr. William S. Clark 倡导设立的，按照一个酪农家的样子来建造的，是北海道最初的畜产经营实践农场。1969 年被指定为国家重要文化财。不过当初是在学校大门附近，后来被搬到了这个地方。一共还有 8 个建筑物，其中种牛舍现在作展览用，进去看看，那牛的宿舍，厚厚的木地板，可比现在人住的好多了。从外面看，建筑物都是西洋式样的，高大、厚重的砖木结构。我在想当年日本人学习西方可是花了大本钱的，一笔一画地学来，也是不容易。

因为是假日的第二天，所以博物馆不开门。想着去图书馆，又懒得跟把门的打交道。下午去了文书馆，资料也很全，还查到了当年的报纸，很高兴。

下午去原北海道道厅改作的北海道文书馆参观，忽然想起张謇日记中提到"北海道泰晤士报记者"对他的采访，想到上午在北大百年纪念堂看到的"北海タイムス"复制样本，我要求查询一下，结果真的有，然后打电话让朋友帮我查张謇是哪天到的北海道，记者又是哪天采访的他，然后找到了 1903 年 7 月 7、9、10 日三天该报第二版都有关于他的报道，打印出来了，然后又找到了写真集，一通拍照，下午 4 点半欣欣然离开，回到旅馆，放下东西出去吃饭。

北海道气候比较冷，大约适合买点确实暖和的衣物啦、保温杯啦，待会儿可以留意一下。总之来到这里，总觉得特别亲切，一点都不觉得孤单，就连旅馆的服务员，虽然她从来都是讲日语，但是老有一种仿佛是中国人的感觉……

日记栏 -13：2007 年 10 月 10 日

早上 9 点进入北大植物园，第一，这里是札幌农学校时代就设立的植物园；第二，留有当年的一些建筑物；第三，图上标注有"博物馆"，去了才知道是收藏着北海道动物标本，不是关于城市历史的博物馆。看着那些动物尸体，感觉很不舒服，很快就出来了。绕植物园一周，拍了很多照片，回去带给学林业的朋友看看，没准她有兴趣呢。回到入口处，有一个北方民族资料馆，介绍北海道原住民的生活情况，有他们的居住环境，生活、生产用具和衣服、装饰等物品。

从植物园出来之后沿着大通公园向东进发，准备去时计台，然后乘地下铁去中岛公园看丰平馆，回来上电视塔俯瞰札幌。下雨，到了时计台，发现这里不单单是关于自身历史的展览馆，而且收集了很全的关于北海道和札幌历史的照片、地图和介绍书籍，全部开架、免费查阅和拍照。连续拍了明治、大正和昭和时期的写真集、地图集，到了生活集的时候，实在到了恶心的地步，就没有拍昭和的，非常满足。至此收集资料的任务已经圆满结束了，剩下的就是到当年张謇去过的地方拍照。

下午 3 点到达中岛公园，公园非常漂亮，湖面周围有红叶树，秋的感觉浓郁。有两个老太太在画画。在 7 eleven 准备用 Visa 卡取钱，说余额不足，后来下午回来打电话才知道，这个卡不能取现金，只能消费和坐 Pitapa。现金紧张啊。

丰平馆外柱涂成很艳丽的蓝色，设计者真是大胆啊。里面层高非常高，原来是在大通这边的，后来移到那里了。把旧的要保存的建筑移动到另外一个地点的方法，在札幌运用得非常多。整个被他们搞糊涂了。好在有详细的记录，有图能查到，所以，应该可以复原一个张謇当年的图（图 8–14）。

日记栏 –14：2007 年 10 月 11 日

早上 9：32 乘火车去小樽。沿途拍摄照片。在手稻那里并没有预期中的农场景观，看来后来移来的前田农场所在地，如今也已经变成了城市地区。

小樽旧建筑群以银行和仓库为主，这与近代小樽金融、贸易发达有关。沿着旧建筑集中的街区、海岸和运河走了一圈。不爽的是中午吃饭的 Spark 饭店，说我的 Visa 卡不能用，害得我又给信用卡公司打了一通电话确认我的卡没问题。

中午 2：30 回到札幌站，询问明日路线的时候，案内所的工作人员居然会普通话，让我非常吃惊，她并非中国人，说得不是很流利，但是已经非常不错了。

下午 3：30 到达 Dun 纪念馆，以及纪念公园，拍照。原来真驹内这个地方

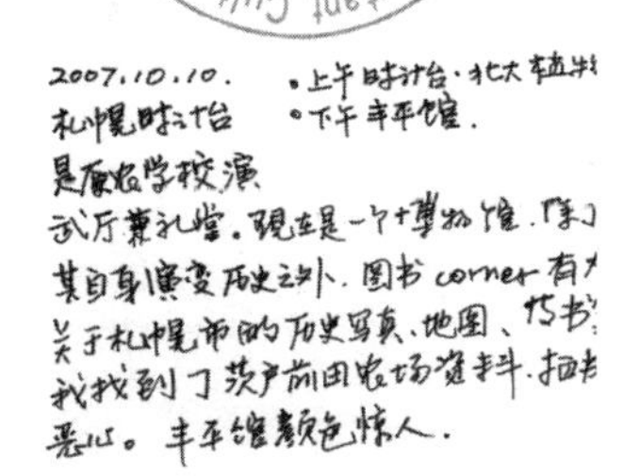

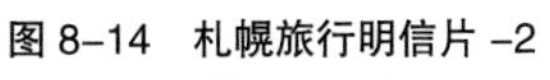

图 8–14　札幌旅行明信片 –2
（资料来源：自绘）

是曾经开过冬季奥林匹克运动会的，当年的运动员村现在都成为居民住宅了。

下午 4：00 回到旅馆。哦，10 日，在时计台的地图集里面，找到了茨户前田农场的地图，对照现在的地图，终于确定了准确的地点是在西茨户这个地方，那里也正是石狩川拐弯的地方，张謇提到他去看了石狩川，应该就是这个地方。晚上为了查询从札幌到这里的路线，我的朋友们忙到凌晨 1 点，结果还是决定坐火车去，坐过站，火车上拍摄石狩川的照片，然后返回 Shinoro，步行到西茨户，拍照，然后乘火车返回札幌，下午去北大综合博物馆。这是 12 日的调查计划（图 8–15）。

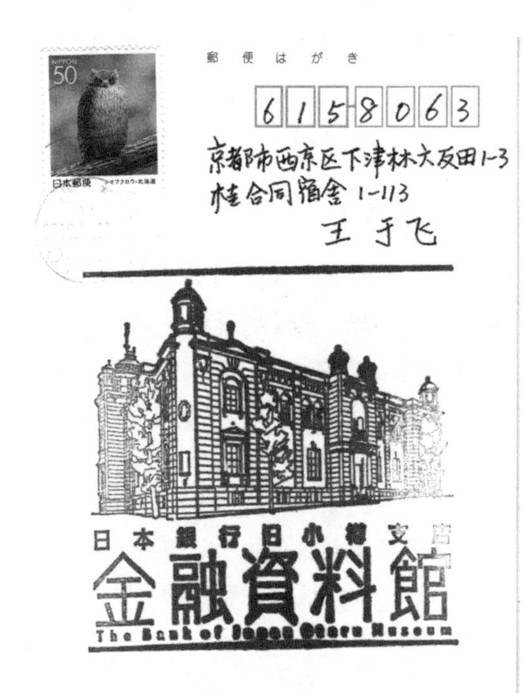

图 8–15　小樽旅行明信片
（资料来源：自绘）

日记栏 –15：2007 年 10 月 12 日

气温 13℃，大风估计有七八级，我很识相地穿上了毛背心，还有更知道好歹的，在札幌站看到一个很瘦的女子，穿着羽绒服！不过她的腿大概只有男伴手中拉杆箱的拉杆那么细，穿成这个样子也是应该的吧。

早上还是 9 点才出门，到了札幌站，找到巴士问讯处，查到了应该乘坐的巴士在创成川沿路的铁道病院前，直接到 Shinoro 5 条 1 丁目，下车过桥就是我要去的三角地，1903 年张謇来访时的前田农场所在地。不过现在町里面的居民姓什么田的都有，就是没有前田了，看样子他们家从这里撤退得还真叫一个彻底啊。

倒是后来去的手稻,那里还有个地方叫前田,不过现在也没有农场,成为居住区了。

这个三角地叫做西茨户，除了沿创成川的 1 ～ 2 个街区之外，与发寒川之间大片的土地现在仍然是农田，有一个饲料研究所，还有一个铁工所，一个寺庙。铁工所寥的门口，有仍然长着苹果的果树。穿过大片农田的时候风非常大，但是经过一块有树林遮挡的地方的时候，发现风骤然减弱了很多，可见挡风林的作用还是很大的，那片树林大概有 20m 宽的样子。一直走到东茨户 2 条 1 丁目的回程车站，就在张謇当年所到的石狩川边上，风吹着后腰，感觉衣服都吹透了。这里的风看来常年是比较大的，因为候车站是一个玻璃做成的小 box，而市里的，就只是一个顶加一个侧片。

12 : 30 到达北大中央食堂，13 : 00 参观北大综合博物馆，对该校历史比较感兴趣。最顶层正在展出曾经获得诺贝尔奖的汤川秀树和朝永振一郎的展览，观看一番，使劲想看明白介绍他们两个理论的解说，还是不行，脑子笨就是没办法，只好借口说隔行如隔山吧。

14 : 40 到达电视塔，乘坐电梯上去的时候非常害怕，腿都打颤，回头要批评朋友让我遭罪。不过风景还真的很好，拍照之后赶紧下来了，90m 的地方，万一地震什么的，咋办呢。

15:50 回到旅馆,今晚的晚饭呢,还没有想好要怎么解决。现在已经 17:38 了。天黑了，懒得走远，还是 7–eleven 解决吧。

第9章　结语

本书回顾了对张謇所访问日本城市的重访。第一编以到每个张謇所访问城市、地点，寻访当时、当地的痕迹为主，试图用重访所搜集到的资料，来重建一个张謇所见日本城市的意象。通过他所见、所闻、所交往的日本人，联系后来他回通后所展开的各项事业，推测张謇在此次访问中所受影响。第二编，以作者的重访中，一方面对张謇所访问地点目前状况进行汇总，在这个过程中，主要通过作者所见，对这几个日本城市近代以来城市发展中的几个问题进行梳理。

首先，需要说明的是张謇纵然通过此次访日，在城市与区域建设、垦牧区的建设、教育体系构建等方面学习了很多宝贵的经验，也得到很大的启发。在政治方面，也转向了地方自治的主张。这些对其回国后、回通后的各项工作均有极大促进。但是，我们也能看到，张謇也是一个“会学的人”，他没有舍本逐末，他学习外国经验的目的，仍然是在中国哲学体系中进行修补，以求完善，而不是放弃自己的文化，全盘接受外来的体系。通过“本旧学、参新法”的做法，张謇能够在回国后的工作中，坚持以本国人为主、不过于依赖外国人的力量来建设自己的城市和国家。

其次，对于作者来说，对日本各地的访问，以及在京都居住的几年中，感想最深的有以下两点：

1. 日本重视近现代历史遗产的整理与发掘，通过挂牌、立碑等手法，在城市环境中标示出历史遗迹的位置、内容和意义，让年轻人有历史自豪感和责任感。建筑调查的展开，以及近代城市规划历史与理论的总结，比较完善，如石田赖房的《日本近代都市计画史》等，已有较为完整的成果拿出来，对进一步的深入研究来说，有了一定的基础，这点非常令人艳羡。而我国目前虽然已经有一些研究了，但是仍然存在两个问题，第一，还是倔强地认为，只有与外国人沾边的，才能算作“城市规划”，只有中国人参加的实践，很少被看做“近代城市规划实践与理论探索”，这是一个误区。第二，研究中，对第一手资料的调查不够深入、细致。

针对第一个问题，吴良镛教授在2002年提出“南通近代第一城”的命题，是很及时的一个创新性论断。针对第二个问题，作者通过几年的博士和博士后课题研究，以及教学、实践活动中的体会，更加深了对张謇的城市规划思想的认识，也更坚定了展开中国近代城市规划中本土化实践的调查研究，首先收集第一手的资料，其次，通过整理，分析，梳理出我国近代规划实践历史大脉络，为将来进一步的理论研究，打好基础。

2. 日本源自本土的社区培育活动，即产、官、民、学各界共同关注、参与城市与社区规划的经验，值得我们学习和借鉴。日本自明治维新以来，派出了无数批的使节团和留学生到欧美各国，学习欧美的先进科学技术，以及治国经验，甚至曾经提出了“脱亚入欧”的观点。然而，尽管日本是一个能力很强的“学国”，在城市发展中，也不可能回避政治、社会和经济这三者所构成的关系网络，完全无视自己民族传统、习俗的做法，是不现实的，而日本民族，其实是一个非常现实的民族。所以，最终他们是一方面毫无思想负担地、全面学习西方政治、经济和技术中能够“拿来”的东西；另一方面，他们坚持生活习惯、社会风气等方面的本国传统，这也就极大地影响了“公众参与”这个课题在日本的走向。最终，他们还是通过自身的实践、总结和理论提高，形成了“社区培育”这种能够为各方接受的形式，尽管，在这个过程中，他们也从来不否认学习和借鉴欧美经验。

实际上，我国也并非没有这样的基于社区和民间组织，来解决与居民切身相关的利益、问题的努力和形式，只不过，一方面，我们直接借用了英语翻译过来的公众参与这个名词，虽然很简单、易懂，却没有能够与社区实践对上号，从而生出一些相对枯燥、僵硬的照搬外国的形式。既不能融入群众中去，为他们所理解，也无法被接受和实践。另一方面，我们源于基层和社区、在历史和实践中真正发挥作用的一些公众参与的形式，没有被学术“专家”们看到，也就无法纳入该体系。理论与实践脱节，则其指导作用必然受到损害。这是我们今后需要总结的地方。

总之，本书只是个人研究调查的记录，记下当时的所见、所思和所感，是未来展开我国近代城市规划的调查、研究工作的小试验。

尽管，近代是日本的骄傲，是我们心中的痛，但是从历史的角度来看，中国现代化建设的基础，仍然必须是在近代所奠定的。我们今天的一切，无不是经由近代而来的。所以，我们有理由相信，近代中国的城市化建设是有成绩的，有一定举措是值得我们好好学习和借鉴的。日本学界对近代建筑史、城市史研究的重视程度、取得的成果，以及他们的工作方法值得我们好好参考。首先，是在各自调查的基础上，有组织地分工合作、定期会议交流、联合调查等，这些环节都取得了很好的效果。日本建筑学会在组织方面，工作做得很细致。他们有地区分会、专题分会等，都有定期的发表会，会后出报告集，全国的同行都可以方便地了解其他人的最新进展。另外，他们的社区培育活动，风风火火，仅仅几十年的时间，已经深入人心，被民众、学者和官方认可。而他们的活动形式、内容和名称，都那么的本土味十足，这其实也是能够成功的一个重要因素吧。

张謇在日记中说，日本“自维新变法三十余年，教育、实业、政治、法律、军政一意规仿欧美，朝野上下，孜孜矻矻，心慕力追，其用意最当处在上定方针，下明大义……孟子以晋国为仕国，余谓日本真学国也”。正是这种学习外国先进技术、经验和思想的劲头，帮助日本在很短的时间内赶上欧美各国，并抓住机遇超越它们。张謇访日，自然是抱着谦虚的态度去学习。作者，也在调查和梳理的过程中，有很多好的收获，希望与大家分享。虽然，因为迁就张謇访问的顺序，显得有些散，但是点点滴滴，如果能激发彼此的灵感，就最好了。

附录 1　张謇访日行程一览

光绪二十九年	城市	地点（名称 / 事件）		访问人物	张謇《癸卯东游日记》相关记载	备 注
		1903 年	2007 年			
四月二十六日	上海	· 上海登船至长崎（博爱丸）	—	—	—	·与张督、蛰先、子培、苏堪等话别
四月二十七日	上海	· 早上 7 点开船	—	—	· 同行者章静轩亮元、章中子孚、金平季永安、徐思潜有临。静轩故留学成城学校，以事归而复东。中子初往学，金、徐则挈以学工业者…… · 邂逅而偕者，蒋伯斧黼故农会友，沈小沂兆祉再宜同年之弟也。张承训通语……	—
四月二十八日	长崎	—	—	—	—	· 晚 7 点抵达长崎
四月二十九日	长崎	· 经东明山寺 · 山门内有私立鹤鸣女子学校 · 又至伊良林寻常小学校，其西为师范学校，以开船时促，未暇往观	· 兴福寺 · 学校法人鹤鸣学园长崎女子学院 · 长崎市立伊良林小学校	· 校长一濑秀太郎	· 寺门在山麓，颇似杭州灵隐。 · 室皆不大……人故知因地而迁就为之者，市町村小学似此正多。 · 教室光线裁足当其平方面积，唯空气似不足。 · 日人治国若治圃，又若点缀盆供，寸石点苔，皆有布置。老子言："治大国若烹小鲜。"日人知烹小鲜之精意矣	· 东明山寺内有福建曾氏墓碑。寺殿有明唐王隆武元年太师招讨使黄斌卿题榜
四月三十日	马关	—	—	—	· 晨 3 时至马关。午刻开行，过此入濑户内海	—
五月一日	神户－大阪	· 与蒋伯斧访楠公社水族馆 ·3 时，与实甫、伯斧诸人同附汽车至大阪	· 湊川神社	—	· 是日振贝子那侍郎回国，西京伎小岸、藤叶、富子、胜子四人送贝子至神户，神户华商宴之，复大集声伎，日报言之	· 晨 3 时至神户，4 时登岸 · 住高丽桥清宾馆，有房 80 余间

续表

光绪二十九年	城市	地点（名称 / 事件）		访问人物	张謇《癸卯东游日记》相关记载	备注
		1903 年	2007 年			
五月二日	大阪	· 与实甫同至大阪市天王寺今宫，日本第五次内国劝业博览会	· 天王寺	—	· 馆址：规地凡六十万余方尺，馆舍凡九万余方尺。 · 陈列：聚其国内所产制物品，分列农业、园艺、林业、水产、矿冶、化学、工艺、染织、工业制作、工艺机械、教育学术、卫生、经济、美术及美术工艺为十门，一门之中又分各类，以八馆处之，别列参考馆，置各国之物品。 · 历史：日人自明治 10 年，始以官帑经理民间农工实业为第一会，此后 14、23、28 年连续举二、三、四会，增长发达。 · 中国展品：中国六省彼此不相侔，若六国然，杂然而来，贸然而陈列，地又不足以敷施焉	· 遇李拔可宣龚，同观美术工业、矿冶机械、教育、卫生数馆。 · 观感：机械、教育出于学校生徒制者，最可羡慕。美术以绣为最精美，画平常
五月三日	大阪	· 与伯斧同诣大阪府	· 大阪府	· 书记官山田新一郎，农会技师富冈治郎	· 日人居室小而精，所居之楼高一百十寸，深一百六十四寸，广三十六寸，复瓦方尺，制作极精。居室外有树，皮似旧铜绿色，深浅缀之，绝可喜	· 欲籍府知事介绍以观农工场。 · 静轩、中子午后 4 时往东京
五月四日	大阪	· 与伯斧访西村天囚时彦于朝日新闻社不直，至其家见之 · 至博览会农林馆	—	· 西村时彦 · 因西村识小池信美、新闻社长村山津田、上野理一	· （其家）庭宇皆种树木，有枞、有杉、有松、有枫，枞则华人所谓罗汉松。其对门一松，大可两人合抱，高不逾丈，而左右横枝长各三丈许。 · 小池曾在上海五年，能华语，亦朝日社执笔人。 · 西村为言村山善谈，上野笃实。观上野言论风采，西村语固信 · 其赤豆、黄豆、大小麦有大倍于华产者。 · 北海道开垦图最详，与通海垦牧公司规划同者墓地有定，廛市道路皆宽平。不同者田不尽方，河渠因势为曲折。其不同之最有关系而大者，北海道故有大林，而我垦牧公司地止荒滩；北海道无堤，而我之垦牧公司地非堤不可。 · 伊达邦成、黑田清隆之致力于北海道也，最有名。然竭其经营之理想，劳其攘剔之精神而已。国家以全力图之，何施不可。宁若我垦牧公司之初建也，有排抑之人，有玩弄之人，有疑谤之人，有抵据扰乱者之人。……是则伊达邦成、黑田清隆之福命，为不可及	· 了解朝日新闻社的报道范围、在华分部、印机数量、排字房女工为多，以及排版印刷程序。印机购自法国，并在法学习印字工艺，回国传授国人

续表

光绪二十九年	城市	地点（名称 / 事件）		访问人物	张謇《癸卯东游日记》相关记载	备注
		1903 年	2007 年			
五月五日 端午	大阪	·西村、小池邀同伯斧，冒雨观大阪市小学校创立三十年纪念会。会场在大阪城南陆军练军场，极宽广	—	·西村为介，识造币局局长长谷川为治、高等商业学校校长福井彦次郎、汉学老儒藤泽南岳	·藤泽南岳遣其子元造来，愿为遍观各学校之导。日人于华人之来观实业、教育者，罔不殷勤指示。若西村、小池，若藤泽，若三井参事石田清直皆可感	·朝日新闻社画师山内愚仙来为画小像。其画以铅笔就小册为之，顷刻而成，行登诸报端云
五月六日	大阪	·藤泽士亨元造来，同至爱日小学校 ·次观爱珠幼稚园 ·子午后至造玻璃厂 ·次观泉布，观干瓢会，丰臣太阁遗物	·大阪市中央区北滨 4 丁 目，1990 年拆 ·泉布观	·校长高桥季三郎 ·园长盐野吉兵卫 ·厂长岛田孙市	·考察学校制度，观小学生上课、唱歌、体操、茶艺等。 ·高桥以粉画地曰："女子宜静素，男子宜壮勇。"以是知日人不尚男女平权之说也。 ·园之教室无多，一室仅容三四十人，四周植紫藤为棚，庭铺细石数寸为外运动场，内运动场与讲堂合，颇宽广。课程则唱歌、游戏、积木、折纸而已。 ·日人治工业，其最得要在知以予为取，而导源于欧，畅流于华……日本凡工业制造品运往各国，出口时海关率不征税。转运则以铁道就工厂，又不给则补助之。国家劝工之勤如是……与世界竞争文明，不进即退，更无中立，日人知之矣。 ·我政府而有意于通商惠工野，利过于日有五说焉：一原料繁富，二谷足工廉，三仿各国之长使利不泄，四餍民生之好使不愿外，五与世界争进文明。其要则以予为取一语赅之	·是日为幼稚园开设 23 年纪念会。 ·厂以明治 24 年（1891 年）4 月创立。 ·与伯斧定参观之次第：先幼稚园，次寻常高等小学，次中学，次高等，徐及工厂
五月七日	大阪	·藤泽士亨导观东区第一高等小学校 ·午后访藤泽南岳于东区淡路町一丁目泊书院 ·晤清水常次郎	·东区淡路町一丁目，已拆	·校长冈村增太郎	·校舍皆楼，购地建筑 51000 余元，过通州矣，而屋宇之多不逮。 ·原址有纪念碑，书籍转关西大学东西学术研究所	·校以明治 23 年（1890 年），依教育卫生程度建立。 ·介绍保姆事

续表

光绪二十九年	城市	地点（名称/事件）		访问人物	张謇《癸卯东游日记》相关记载	备注
		1903 年	2007 年			
五月八日	大阪	· 西村、小池偕伯斧往观桃山女子师范学校 · 午后至堺观水族馆 · 次观其海滨公园；返观博览会侧之动物馆 · 与伯斧同至会场侧丰乐园晚饭	—	· 校长大村芳树	· 女子师范学校记载详细，附属之幼稚园，教室少，而游戏之场多	—
五月九日	大阪	· 小池导观中之岛高等工业学校 · 次观医学校；晚饭后观高丽桥东夜市	· 大阪大学工学部	· 校长安永义章	· 尤中国之趁虚赶集也	· 日本文部省直辖之学校二十有七，此其一也
五月十日	大阪	· 西村、小池导观造币局，局隶属大藏省 · 次观大阪城内水源局 · 西村约至其家午饭 · 午后观大阪府立师范学校	—	· 校长森本清藏、附属小学主事森川正雄	· 我政治家之性质习惯有一大病，则将举一事，先自纠缠于防弊，不知虫生于木，弊生于法。天下无不虫之木，亦无不弊之法。见有虫则去之，见有弊则易之。为木计，为法计，虽圣人不过如是。而我之有立法权者，未更未见弊之法，先护已无法之弊，慎已。东西各国办事人，并非别一种血肉，特造止法度，大段公平画一，立法行法司法人，同在法度之内。虽事有小弊，不足害法。 · 日人自三国时通吴……士大夫雅慕华风，故服重吴服……器重唐木，漆重唐涂，风俗亦有杂学宋明者，自维新变法三十余年，教育、实业、政治、法律、军政一意规仿欧美，朝野上下，孜孜矻矻，心摹力追，其用意最当处在上定方针，下明大义。 · 孟子以晋国为仕国，余谓日本真学国也。 · 日本初效美国学制，全国建师范学校五所，或云八所。延美国教习二人，余以曾读西书者当之，生徒 200 许人。教科书则文部省编纂颁行，今则每府县各建一师范学校，又增建女子师范学校，为广设幼稚园之本。 · 凡事入手有次第，未有不奏成绩者，其命脉在政府有知识能定趣向，士大夫能担任赞成，故上下同心以有今日。不似一室之中，胡越异怀；一日之中，朝暮异趣者，徒误国民有为之时日也	· 饭仿西制，颇有理会，其夫人所自制也

续表

光绪二十九年	城市	地点（名称 / 事件）		访问人物	张謇《癸卯东游日记》相关记载	备 注
		1903 年	2007 年			
五月十一日	大阪	·复与小池至师范学校，观单级小学校授业 ·午后观博览会机械馆	—	—	·单级者为町村学童计，故合四年生于一班授之。此于中国今日最宜。 ·日人工商于美饰事极注意，亦其习惯也	—
五月十二日	大阪	·巳刻小池来，至天满桥北织物株式会社 ·午后至博览会工业馆；次观通运馆	—	—	—	—
五月十三日	大阪	·早起为人作书，赠日人藤泽南岳翁诗一首 ·西村君索书，复作诗贻之	—	—	·藤泽南岳翁，名恒，字君成，晚号南岳。父亦汉文名家。子元造亦重汉学，日人谓翁三世儒家。 ·村山隆平、上野理一、西村时彦三君招饮网岛金波楼，席罢赋诗呈同坐诸君	·翁著《日本通史》、《探奇小录》，文笔修隽
五月十四日	大阪	·小池导观东成郡鹤桥村农学校 ·午后同伯斧、小池观筑港 ·回经安治川，观范多隆太郎所有之铁工所	·大阪府立大学 ·大阪筑港	·校长井原百介 ·邮船会社金岛文四郎	·学成不入高等，听其散而归，各治其乡。若入陆军或他校，或别治生业亦听之。此我通州所最宜法者。 ·港本海也，筑而后有港，故名筑港……日人初学荷兰，荷兰人以建筑工名欧洲，意乃兰法也。 ·能造汽船及浚渫机船，匠目无欧洲人	·校在一山麓，四周有水。水外皆试验场，场有学生任者，有农夫任者。 ·近十二年，以大阪水道淀河、筑港，为全国三大工程之举
五月十五日	大阪	·与伯斧、西村、小池诣小山健三 ·看博览会水产馆 ·观电气光学不可思议馆火焰舞	—	—	·小山初为医学校理化教习，旋为长崎师范学校长，旋为东京工业商业学校长，一为文部省实业学务局长，旋为次官。今为大阪株式会社三十四银行头取。从问劝业银行事例。赠银行事务要项。 ·通州可参酌仿行者，唯十胜川之鱼簾	—

续表

光绪二十九年	城市	地点（名称 / 事件）		访问人物	张謇《癸卯东游日记》相关记载	备 注
		1903 年	2007 年			
五月十六日	大阪	· 小山来谈，午后诣三十四银行	—	—	·劝业银行仿自德意志。余于去年（1902 年）劝一二知好，立银行于通州，以劝助农工商之业，尚无成议。 · 详询染织、纸业之事。染织以西京为最良，纸业以土佐为最良，静冈次之，王子次之，美浓、岐埠又次之	· 从市上度量衡器贩卖所买度量衡各一器
五月十七日	大阪	· 计金徐二生从学事	—	—	· 工为农商之介。欲归约同志鸠金生息，资生徒东来，广习工业，不知谐否。执笔论事而悔读书之少，临事需人而悔储才之少。举世所同，余尤引疚。 · 自来大阪逾半月，见其衢路遗矢者三遗；见某校女学生，以盥水之手，摩男学生之颊二事耳。而未闻妇女诟詈之声，市井哄斗之状。七八岁童子能尽地作画，三四岁小儿亦据地以积木，为铁道桥梁式。得固多于失矣	· 拟遣金生至西京染织学校；徐生至大阪有机纸业及手工纸业工场，次第学习
五月十八日	大阪	休于旅舍	—	—	—	—
五月十九日	京都	· 与实甫同附汽车，九时启行，十时至西京，寓麸柊屋町屋旅馆 · 岛津源吉导观水利 · 初观水利发电厂 · 观蹴上至京都市小川头最底处之舟溜 · 观水利组绳场和棉场	· 柊家旅馆 · 琵琶湖疏水纪念馆	· 旅馆主人西村庄五郎 · 岛津源吉	· 水自琵琶湖过山隧而来，法至便，亦美制也……江浦朱家山口若用之，岂不大利。 · 自明治 23 年始凿山建渠，通漕设楗，用费 74 万余，皆京都市捐集。创兴之始，人咸怨之。今农工商之利日新而月盛，至欲醵金写像以报始功者，其人则前京都府知事北垣国道也	· 西京即京都 · 岛津源吉是岛津制造所创办人岛津源藏次子。岛津制造所 1875 年创办，“以科学技术向社会作贡献”为宗旨
五月二十日	京都	· 岛津同至染织学校 · 同至盲哑院 · 观岛津所制村田枪云 · 午后抵大学院 · 游御所	· 京都市洛阳工业高等学校 · 京都府立盲学校 · 岛津创业纪念资料馆 · 京都大学 · 京都御所	· 访染织学校长金子笃寿	· 彼无用之民，尤养且教之使有用乎。 · 略观设置大概即返。 · 殿不瓦，累木片厚尺余盖之，气象亦宏。然以比汉天子之闲馆珍台，赵官家之寿山艮岳，相去远矣	—

续表

光绪二十九年	城市	地点（名称 / 事件）		访问人物	张謇《癸卯东游日记》相关记载	备注
		1903 年	2007 年			
五月二十一日	京都－名古屋	・午后去名古屋，地属爱知县	—	—	—	・七时即投小山介绍书，寓富泽町二丁目支那忠旅馆
五月二十二日	名古屋－静冈	・八时往商业学校（名古屋高商） ・下午四时至静冈	・名古屋市立大学经济学部	・晤校长市村芳树并教谕斋藤清之丞	・行经天龙大井二川间，见其农田最有法度，他处所不及	・校舍规模开敞，大门有楼，榜曰："世界我市场"。
五月二十三日	静冈－东京	・冈田导观商业学校 ・复至安东村野村角太郎造纸场，至江尻场吉川作之助造纸工场。 ・午后四时附急行车至东京	—	・商业学校长冈田祯三	・皆以旧法为本，而参以机械。 ・以中日大概风俗论，日人致而中人纻，日人褊而中人廓。利弊各有相因者也	・冈田愿为介绍北海道拓殖银行宇佐美敬三郎。 ・至京桥区绀屋町清净轩
五月二十四日	东京	・寄影照小象于小山、西村二君 ・午后至医科小幡英之助处修治病齿	—	—	・旅馆门外临江户城濠，濠水不流，色黑而臭，为一都流恶之所，甚不宜于卫生。此为文明之累	—
五月二十五日	东京	・访森村说井 ・午后，以治齿独在旅馆，伯斧与路壬甫往观农科大学	—	—	—	—
五月二十六日	东京	・移寓本乡区弓町本乡馆；治齿	—	—	—	・馆与各学校相近，故中国留学生寓此者多
五月二十七日	东京	・与森村说井；治齿	—	—	—	—

续表

光绪二十九年	城市	地点（名称 / 事件）		访问人物	张謇《癸卯东游日记》相关记载	备注
		1903 年	2007 年			
五月二十八日	东京	• 治齿；仍与森村说井	—	—	—	—
五月二十九日	东京	• 治齿； • 订购凿井器议稿	—	—	—	—
闰五月一日	东京	• 至筑地活版制造所，看造铅字	• 中央区筑地 1–12–22	—	• 已拆，有“活字版样的碑”	—
闰五月二日	横滨	• 镶齿成。至横滨，略事游览	—	—	—	—
闰五月三日	横滨	• 访留学生于弘文学院 • 访章静轩、洪俊卿于成城学校 • 访汪伯棠监督	• 弘文学院 • 学校法人成城学院	• 章静轩 • 洪俊卿 • 汪伯棠	—	• 新宿区西五轩町
闰五月四日	东京	说凿井器事	—	—	—	—
闰五月五日		• 嘉纳治五郎遣人来定相见之期 • 定初七日往北海道	—	• 嘉纳治五郎	•属聚卿从长冈护美子爵，求明治初年至二十五年各教科书。云文部尚有之，可以取观	—
闰五月六日	东京	• 至鞠町区访竹添、嘉纳	• 小田原十字町的邸	• 竹添进一郎	• 嘉纳以专究教育有名。询余东来调查宗旨。余告之曰，学校形式不请观大者，请观小者；教科书不请观新者，请观旧者；学风不请询都城者，请询市町村者；经验不请询已完全时者，请询未完全时者；经济不请询政府及地方官优给补助者，请询地方人民拮据自立者。	• 竹添自朝鲜归后，即辞职居滨海别业著书自娱。无子……嘉纳其婿也。方壬午、癸未间，在朝鲜时，与竹添往还
闰五月七日	东京－青森	• 早八时启行至上野，附二等汽车往青森	—	—	—	—
闰五月八日	青森－函馆	• 八时至青森，寓中岛旅馆，附肥后丸，十一时开行，过津轻海峡，五时至函馆	—	—	•馆为日本商步之一。华商十余家，凡数十人。欧商两三家，十余人耳……寓胜田弥吉旅馆，馆后山名卧牛，函馆港内最大之山也	—

续表

光绪二十九年	城市	地点（名称 / 事件）		访问人物	张謇《癸卯东游日记》相关记载	备注
		1903 年	2007 年			
闰五月九日	函馆	· 至官立商业学校、私立寻常小学校察视 附萨摩丸十时行	—	· 商业学校长神山和雄	—	—
闰五月十日	函馆－札幌	· 四时至室兰，附汽车七时行，二时至札幌	—	· 许士泰事迹介绍	·札幌街衢，广率七八丈，纵横相当。官廨学校，宽敞整洁。工场林立，廛市齐一。想见开拓人二十年之心力	· 憩大宇海岸姥子旅馆
闰五月十一日	札幌	· 农学校长佐藤昌介过访 · 招同锦州开垦公司孙慎钦德全饮于丰平馆	· 北海道大学	—	·佐藤为言，北海道未垦地尚十分之九。国家定令，垦熟之地，逾二十年征税。今止征郡町村税……此郡税町村税，全供地方警察学校卫生之用，国家不利之也	· 坐中因见农学校教授南鹰次郎
闰五月十二日	札幌	· 至新建之农学校及农园试验场 · 南君导诣北海道厅 · 午后观制麻株式会社工场 · 次观重谷木栻工场	—	· 事务长大塚贡；土木科长武井吉贞	· 机械皆欧制	—
闰五月十三日	札幌	· 早往真驹内，观种育场。 · 步行至平岸，观公立单级小学校	· Edwin Dun 纪念馆 · 札幌市立平岸小学校	· 校长柴田菊藏	· 九时北海泰晤士新闻社记者辻筹夫来谈，问我国士大夫近日满洲事处置宗旨。余言无处置之权力，不愿张处置之空谈。二十年来稍留心于实业教育，近方稍有着手处，是以来游，求增长其知识。东士大夫有能以维新时实业教育经验之艰难委曲见教者，愿拜其赐。他不遑及也	· 场自明治 10 年仿美国法建
闰五月十四日	札幌	· 至茨户观前田牧牛场 · 饭后，观石狩川 · 道经一寻常小学校，问之亦单级，下车观焉；归途经创成河侧 · 复经东皋园，看芍药菖蒲 · 观农学校博物馆	—	· 前田利为	· 见欧法之木闸，闸垛两旁，植大木为垛，闸为大门两扇，门之下有小门二，有旋螺柱以升降其小门，有二大横木以启闭其大门。往闻钱琴斋言之，不能昭晰。罗叔蕴东游时属其访查而不得。今于无意中遇之，可喜也。属佐藤六郎代作模型	· 前田名利为，年仅十八，袭侯爵，比方从学于东京师范学校，故加贺藩菅原之后也，自其父始易姓前田。 · 有札幌诗一首。

续表

光绪二十九年	城市	地点（名称／事件）		访问人物	张謇《癸卯东游日记》相关记载	备注
		1903 年	2007 年			
闰五月十五日	札幌	·七时行，至小樽。饭后，驾舢板观筑港 ·次观水产试验场 ·十一时附汽船行	—	—	·工程师某赠防波堤设计图。比例六千分之一	·憩越中旅馆
闰五月十六日	札幌－函馆	·天明至岩内港。午刻至寿都。晚至奥尻。半夜又行	—	—	—	—
闰五月十七日	函馆	·早至江差。午后四时至函馆 ·登舟，十时出口。过津轻峡	—	·晤张安澜，商议会长内野高吉，书记长法学士秋保辰三郎	—	·仍寓胜田旅馆
闰五月十八日	青森	·四时至青森。午后十一时，登汽车行	—	—	—	·仍寓中岛旅馆，十五号房。留题一首《题青森中岛旅馆》
闰五月十九日	东京	·十时至东京新桥	—	—	—	·仍寓清静轩
闰五月二十日	东京	—	—	·长冈子爵 ·岸田吟香 ·永阪周二	—	·长冈有自著《海云楼诗集》，永阪有所辑《嘉道六家诗集》，同人唱和《坛栾集》
闰五月二十一日	东京	—	—	·嘉纳治五郎 ·竹添进一郎	·竹添亦名光鸿，字渐卿，与谈教育，亦以斟酌习惯、合于程度为难	—
闰五月二十二日	东京	·十时赴嘉纳约。观其高等师范学校	·教育森林公园	—	—	—

续表

光绪二十九年	城市	地点（名称 / 事件）		访问人物	张謇《癸卯东游日记》相关记载	备注
		1903 年	2007 年			
闰五月二十三日	东京	· 观高等工业学校 · 订明日观织工徒弟及实业补习学校	· 东京工业大学	· 校长手岛精一	· 昔年言工业者，务趋高等，近乃知手工之有益，而专谈学理之鲜济，故改而注意于此。日人素以工业著名，其论工学言如此，则今日之相较殊绝者可寤已	· 手岛精一，明治初治工学，留学法国 4 年，归国后时时往欧美考察练习
闰五月二十四日	东京	· 诣惕斋商考制盐事 · 伯斧独往观职工徒弟学校 · 午后赴嘉纳园游会之约，至小石川区理科大学附属之植物园	—	· 枢密顾问官田中不二磨	· 就枢密顾问官田中不二磨访问创兴教育之事。 · 所言明治初，遣往欧洲学实业者五百人，归皆任以所曾习，今之秉国钧负时望者，皆当日留学生，此宜为我政府所平心而听者也……其所以能大著成效者，则明白此事之人，即举办此事之人也	—
闰五月二十五日	东京 – 大阪	· 启行。至铃川下车，复乘铁道马车至吉源 · 饭后行十四里，至大久保村，看凿井。	—	· 机关手臼井辰之助，助手长谷川茂雄	· 其机械购自美国；取其凿出之石砂层十种，以备参考	· 寓鲷屋旅馆 · 臼井辰之助，静冈县贺茂郡竹麻村人，字手石人。长谷川茂雄，福岛县岩城郡草野村人，字泉崎，大久保村有诗
闰五月二十六日	大阪	· 午后十时至大阪川口三江公所	—	—	—	—
闰五月二十七日	大阪	· 饭后诣西村、小山	—	· 四川合州张式卿来谈	· 式卿创蚕桑公社时，中小学校数年尚未著效，其所称艰苦繁难之状，大纲与余同。折井夫人可就保姆之聘。内藤君荐和田喜八郎为通州师范教习。 · 就小山考冈山县儿岛郡味野村制盐事	· 聘日籍保姆，即幼儿教师
闰五月二十八日	大阪	· 至博览会水产馆，专考盐产 · 复观农工器	—	—	·农工器具中，拟购大犁、中犁、小犁及耙土、播种、割麦、脱粒、薙草、翻草器各一具，工具中拟购织布、缫丝、织绸、织席、绹绳、吸水、精米、造烛器各一具	· 购买农具

续表

光绪二十九年	城市	地点（名称 / 事件）		访问人物	张謇《癸卯东游日记》相关记载	备注
		1903 年	2007 年			
闰五月二十九日	大阪	· 至博览会，考察农工应用之器具 · 大阪市东区岛町二丁目九十三番中川藤八店购幼稚园恩物	—	· 执事为藤井佐龟雄	—	—
六月一日	大阪－神户	· 十一时抵神户。午后二时附汽车，至姬路 · 复至五良右卫门町，访改良盐釜人及铸釜人	—	—	—	—
六月二日	仓敷	· 早五时登车，十时至仓敷 ·至味野村，中经二村，曰籐户，曰福冈，皆有小学校 · 观盐田。塘角亦有测候所	—	· 野崎武吉郎，贵族院议员	—	· 宿松鹤楼旅馆
六月三日	仓敷	· 至盐业调查所 · 复至堀田信男制造机械会社，观新发明之重底釜 ·十二时附汽车至尾道，午后二时易车，十时至马关，至门司登车	—	· 晤技师林庸介 · 堀田信男	· 观盐田及美国制盐法。亦有仪器测候风雨燥湿。 · 井上、堀田二法皆可试用，美法与我时尚未宜	—

续表

光绪二十九年	城市	地点（名称 / 事件）		访问人物	张謇《癸卯东游日记》相关记载	备 注
		1903 年	2007 年			
六月四日	长崎	· 早八时抵长崎。旋登弘济丸，计初六日抵沪	—	—	· 往还恰七十日。于调查实业、教育间，尚有未暇详者。日本医学，发达最先，非独其士大夫所自负，德法各国，闻亦许之。余以兹事繁重，非绵力所能办，故绝未注意。无从赞一辞。就所知者，评其次第，则教育第一，工第二，兵第三，农第四，商最下。此皆合政、学、业程度言之。政者君相之事，学者士大夫之事，业者农工商之事。政虚而业实，政因而业果。学兼虚实为用，而通因果为权。士大夫生于民间，而不远于君相，然则消息其间，非士大夫之责而谁责哉？孔子言：以不教战，是谓弃之。夫不教之民，宁止不可用为兵而已。为农、为工、为商，殆无一可者。然则图存救亡，舍教育无由。而非广兴实业，何所取资以为挹注？是尤士大夫所当兢兢者矣	· 惕斋同至新地二十番华商三余号小憩。编纪行二十六首。

备注：

1. 清光绪二十九年四月二十六日是公元 1903 年 5 月 22 日，日本明治 36 年 5 月 22 日。本表对应张謇日记，采用农历。

2. 本表根据张謇《癸卯东游日记》编辑。资料来源：张謇研究中心等编 . 张謇全集 [M]. 第六卷（日记）南京：江苏古籍出版社，1994：479-515.

附录 2　大阪《朝日新闻》对张謇来访的报道

张謇于 1903 年 5 月 22 日至 7 月 29 日访问日本[①]，其中 5 月 28 日至 6 月 12 日、7 月 19 日至 22 日访问大阪。关于他访问的消息，日本报界的报道见诸大阪《朝日新闻》，在 5 月 31 日、6 月 2 日、6 月 4 日和 6 月 11 日分四次进行了报道，贴附于下[②]，并翻译成中文供参考。

项目	内 容
扫描原图	▲翰林修撰張謇氏 博愛丸便にて博覽會觀覽を兼ね實業視察の爲に來遊せし翰林修撰張謇氏は一行七名と共に去二十八日當地に入り淸賓館に投宿せり張氏字は希直江蘇通州の人にして支那讀書人の月桂冠なる狀元及第の學位を有し翰林院修撰たり修撰は翰林編修の領袖にして狀元及第に非ざれば居る能はざる地位なり氏は張濂亭の高足弟子にして古文を善くし夙に經世の學を講じて盛榮を慕はず鄉里なる通州に紡績會社を創設して實業を奬勵し南京の文正書院山長と爲りて學を講じ才を養へるが最も張之洞劉坤一兩總督の信任する所と爲り近年新政を行ふに當りては常に延いて幕議に參せしめ其輔導に因る者多し其著述せる變法平議は專ら日本に師傚すべきを痛論し世に日本通と稱せらる其名刺に大生紡績株式會社長、通海墾牧株式會社長、通州民立師範學校長と記したるを見れば紡績の外に開墾及び新教育をも自任し居る者と見ゆ去れば昨日社員に向つて大阪にては博覽會の外各種學校各種工場をも一覽せし後東京に赴き北海道に遊びて墾牧の實況を視察せんとすと云へり此は普通の漫々施々として見物に來れる視察者と異り名望學識を兼ね實行 资料来源：大阪《朝日新闻》，明治 36 年 5 月 31 日，附录（一）
翻译	翰林修撰张謇氏 搭乘博爱丸号，为参观博览会（大阪第五次内国劝业博览会）并考察实业而来的翰林修撰张謇氏，一行七人于 28 日抵达当地（大阪），入住清宾馆。张氏字希直（此处有误，张謇字季直），是江苏通州人，拥有状元称号（支那读书人的最高学位），官居翰林修撰，修撰是翰林编修的领袖，只有状元才能出任。张氏是张濂亭的高足弟子，擅长古文，讲究经世之学，不慕虚荣；在家乡通州创设纺织公司，奖励实业；并出任南京文正书院山长，讲学育才。特别是得到张之洞、刘坤一两位总督的信任，近年来实施新政之际，常延请其参与议事，得到他很多辅助。所著《变法平议》力陈效法日本的必要性，世有“日本通”之称。他的名片上列有大生纺织株式会社长、通海垦牧株式会社长、通州民立师范学校长等头衔，可见他在纺织之外，还从事开垦事业，并以从事新教育者自居。昨日，张氏向本社工作人员表示，除了博览会之外，他还将参观各种学校和工厂；然后会赴东京参观；并游览北海道，考察垦牧实况。他是一位与普通的悠闲的游览者不同的视察者。他名望学识兼而有之，且勇于实践。希望大阪的学校与工厂等处，在他参观的时候予以郑重的接待。张氏已于昨日与同行的蒋氏一起访问了本社，并参观了印刷工厂

续表

<table>
<tr><th>项目</th><th colspan="2">内 容</th></tr>
<tr><td>张謇日记中相关记载及说明</td><td colspan="2">关于访问日本的目的和计划
甲午后，乃有以实业与教育迭相为用之思。经划纺厂，又五年而著效，此时（1900 年）即拟东游考察……今年正月，徐积余自江宁寄日本领事天野君博览会请书来，乃决。
《张謇日记》四月二十五日
张謇对于学习日本经验的兴趣，确实早于访问日本。因此，可以说他是先对日本有所了解，然后有亲自考察的兴趣，然后在有合适机会的情况下，于 1903 年前往日本访问。如同他日记，以及报纸报道中所说，他的考察是以教育实业为主的。他的访问日记回国之后以单行本《癸卯东游日记》发行，其主题也是紧紧扣住实业、教育的。这恐怕也是为了远离政治而为。实际上，他的日本之行带给他的远远不止这些，政治上对日本地方自治的欣赏，随后溢于文章与行动。
——作者注</td></tr>
<tr><td></td><td>扫描原图</td><td>翻译</td></tr>
<tr><td>资料来源：大阪《朝日新闻》，明治 36 年 5 月 31 日，附录（一）</td><td> 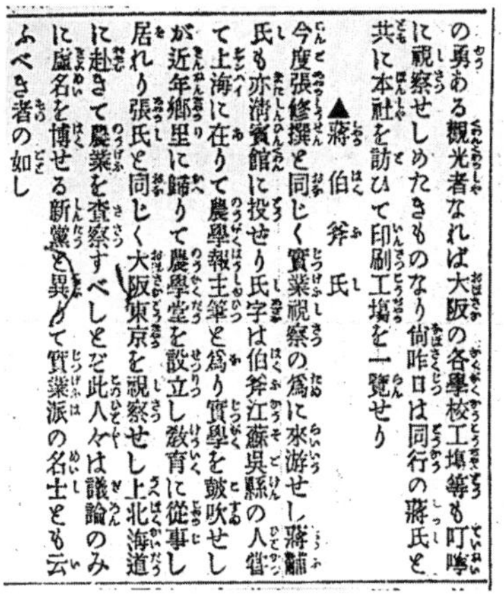の勇ある観光者なれば大阪の各學校工場等も叮嚀に視察せしめたきものなり尚昨日は同行の蔣氏と共に本社を訪ひて印刷工場を一覧せり
▲蔣伯斧氏
今度張修撰と同じく實業視察の爲に來游せし蔣黼氏も亦清賓館に投せり氏字は伯斧江蘇呉縣の人嘗て上海に在りて農學報主筆と爲り實學を皷吹せしが近年郷里に歸りて農學堂を設立し教育に從事し居れり張氏と同じく大阪東京を視察せし上北海道に赴きて農業を査察すべしと此二人は議論のみに虚名を博せる新黨と異りて實業派の名士とも云ふべき者の如し</td><td>蒋伯斧氏
此次与张修撰同为实业视察而来游的蒋黼氏也入住清宾馆。蒋氏字伯斧，江苏吴县人。曾在上海任《农学报》的主笔，鼓吹实业。近年回到乡里设立农学堂从事教育。将与张氏同行考察大阪、东京，然后北上北海道考察农业。这两人与一般只凭议论博取虚名的新党不同，可以称作实业派的名士</td></tr>
<tr><td>扫描原图</td><td colspan="2"> 翰林修撰張謇氏
资料来源：大阪《朝日新闻》，明治 36 年 6 月 2 日，一版</td></tr>
<tr><td>张謇日记中相关记载及说明</td><td colspan="2">该画像刊登于 6 月 2 日一版下部中央，没有其他文字介绍。关于这张画像，在张謇日记中有所记载：……朝日新闻社画师山内愚仙来为画小像。其画以铅笔就小册为之，顷刻而成，行登诸报端云……
《张謇日记》五月五日（即公历 5 月 31 日）</td></tr>
</table>

续表

项目	内 容
扫描原图	●張謇氏の校園参観　既記當地滯在中の清國通 州民立師範學校長翰林院修撰張謇氏及び蒋黼氏等 は去る一日東區愛珠幼稚園を、昨日は女子師範學 校及び附屬小學校幼稚園を參觀したるが觀察は校 業管理は素より建物、教授是等詳細の點に及び[illegible] 腰掛の如き一々寸法を測り又女子師範生の體操及 び寄宿舍生活等に就きて餘程感じたる模様なり[illegible] 稚園兒童の汽車の遊び積木の玩具等をも暫らく見 入り居たり、歸國の上は師範學校の附屬として[illegible] 非幼稚園を創設せん希望を有し我邦婦人にして[illegible] 聘に應ぜんものを求め居り招聘の上は己が邸[illegible] 棲ましめて優待せん筈にて我社の西村天囚氏を[illegible] して人選を大村女子師範學校長に託したる[illegible] ●新博士　東京帝國大學醫科大學教[illegible] し大學總長の推薦に依り學位を授與すべき[illegible] 定し來る十日頃學位授與式を擧行すべし[illegible] 资料来源：大阪《朝日新闻》，明治 36 年 6 月 4 日，一版
翻译	张謇氏的校园参观 前面报道过的正在当地逗留的清国通州民立师范学校长，翰林院修撰张謇氏及蒋黼氏等，前天参观了东区爱珠幼稚园，昨天参观了女子师范学校及其附属小学和幼稚园。考察学校的授课管理，重点是建筑物、教授法等。详细的考察包括对桌椅的尺寸进行一一测量。另外，对女子师范生的体操及宿舍生活等也有很感兴趣的样子。对幼稚园儿童的汽车游戏和积木玩具等，驻足观看；表示出回国后一定要在师范学校附设幼稚园的愿望。张氏打算聘请我国妇人担任保姆，应聘者可以得到在张氏私邸居住的礼遇。具体人选通过本社西村天囚氏，委托女子师范学校大村校长物色
扫描原图	●張謇氏の視察　一昨日午前大阪府立農學校に 抵り校長井原百介氏に面會して同校學事實習の方 法等より目下張氏が實視しつゝある通州に於ける 開墾事業の參考に資する爲殊に指導を得たしとの 來意を通じたるに同校長は最も懇切に種々の質問 に答へたる後同校創設以來の諸般年度統計表に基 き經費成績卒業後に於ける生徒の業務等につき精 細なる說明をなし夫より試作場、種苗、生徒擔當試 作地及び獸醫科實習場、校舍、寄宿舍、動植物標本 農具標本の各室等參觀したる後談偶〻寄宿舍の事 に移り食事品種分量等の少きは清國學生の堪へ得 べからざる所なりと語りて不審を抱けるより校長 の注意にて生徒同樣の午食を饗せり夫れより同校 長が懇切なる指導を謝し午後一時半引取りたり尚 同日午後三時より天津新聞主筆方藥雨及び楊以莊 兩氏を伴ひ商船會社金島氏の案內にて同社ランチ に搭乘し築港及び大阪鐵工所を觀覽したり又昨日 午前は小山健三氏を住宅に訪問せしが其要は我國 教育上に於ける沿革殊に二十年前の程度及び小規 模銀行の組織制度等につき精細なる說明を請ひし にて一々綿密なる解說を得て引取りたり 资料来源：大阪《朝日新闻》，明治 36 年 6 月 11 日，二版

续表

项目	内 容
翻译	张謇氏的考察 前天上午张氏抵达大阪府立农学校，会见了校长井原百介氏。张氏从学校教学实习的方法等开始考察。张氏说明了为利于现在张氏在通州从事开垦事业作参考，希望得到特别指导的来意。校长以最恳切的态度回答了种种提问，并根据学校创设以来的各种年度统计表，对经费、办学成绩、学生毕业后的业务能力等作了详细的说明。随后，张氏参观了试验场、苗圃、学生试验田，以及兽医科实习场、校舍、宿舍、动植物标本、农具标本室等。之后，偶然谈到宿舍的事情上，谈及饮食品种和分量少，是清国学生生活上难以忍受的情况。这引起了校长的注意，于是请张氏试用与学生同样的午餐。谢过校长的恳切指导，张氏在下午一点半告辞。下午三点，张氏在天津新闻主笔方药雨和杨以庄两人的陪同下，由商船会社金岛氏作向导，乘该社的汽艇参观了筑港和大阪铁工所。昨天上午，张氏造访小山健三氏的住宅，主要请教我国教育的沿革，尤其是 20 年前的情况，以及小规模银行的组织制度等。一一得到了详细解说之后告辞
张謇日记中相关记载及说明	小池导观东成郡鹤桥村农学校。校在一山麓，四周有水。水外皆试验场，场有学生任者（日人谓之学生担当地），有农夫任者。有畜牧场，场有治外来患畜，有剖解室。牧草有本国种，有欧美种，家畜有华种。牛羊豕室不洁，鱼鸭池不广，稞麦因久雨不良，观学生割麦，用石油寻治稻秧害虫。校有体操而无音乐，学生习农者一百三人，习兽医者七十人，学成不入高等，听其散而归，各治其乡。若入陆军或他校，或别治生业亦听。此我通州所最宜法者。初见其书记兼教谕小野田嘉久二，继见其校长井原百介。导之周历各场者，校长也。至午以学生之饭留饭……凡日本教育家之言曰，当使学生知为学不求饱而敏于所事，不可使饱食而无所用心。可谓知本。中国学校以饮食滋讼者多矣，惜不令一游其校以参观之也。午后，大阪邮船会社金岛文四郎具小轮邀同伯斧、小池同观筑港…… 《张謇日记》五月十四日（公历 6 月 9 日） 与伯斧、小池诣小山健三。小山初为医学校理化教习，旋为长崎师范学校长，旋为东京工业商业学校长，一为文部省实业学务局长，旋为次官，温雅笃实人也。今为大阪株式会社三十四银行头取。头取犹华言总办。从问劝业银行事例。赠银行事务要项，并照相片。 《张謇日记》五月十五日（公历 6 月 10 日）
备注	①清光绪二十九年四月二十六日至六月六日；即日本明治 36 年 5 月 22 日至 7 月 29 日、公元 1903 年 5 月 22 日至 7 月 29 日。 ②本文资料来源是京都大学图书馆所藏大阪《朝日新闻》的缩微胶片，复制所得，经本人核实。在张謇研究中心编的《张謇研究年刊（2005 年）》第 300-302 页，刊登了程灼如对 5 月 31 日、6 月 4 日和 6 月 11 日报道文字的翻译，可供参考

附录3　札幌《北海タイムス》对张謇来访的报道

张謇于1903年5月22日至7月29日访问日本[1]，其中7月1日至11日访问北海道。关于他访问的消息，北海道报纸《北海タイムス》，在7月7日、7月9日对此进行了报道，贴附于下[2]，并翻译成中文供参考。

项目	内 容
扫描原图	以下北海タイムス缩微胶片来自札幌，北海道立资料文书馆 资料来源：北海タイムス，1903年7月7日
翻译	7月7日报纸登载 昨日来札的翰林修撰张謇氏肖像 本次为了参观博览会，同时进行实业考察而来北海道的清人张謇氏，张氏字希直（此处有误，应为字季直），是江苏通州人，拥有状元——支那读书人的最高学位——称号，官居翰林修撰，修撰是翰林编修的领袖，只有状元才能出任。张氏是张濂亭的高足弟子，擅长古文，讲究经世之学，不慕虚荣；在家乡通州创设纺织公司，奖励实业；并出任南京文正书院山长，讲学育才。特别是得到张之洞、刘坤一两位总督的信任，近年来实施新政之际，常延请其参与议事，得到他很多辅助。所著《变法平议》力陈效法日本的必要性，世有“日本通”之称。他的名片上列有大生纺织株式会社长、通海垦牧株式会社长、通州民立师范学校长等头衔，可见他在纺织之外，还从事开垦事业，并以从事新教育者自居。他与普通的来北海道的观察者不同，他名望学识兼而有之，且勇于实践。希望本道在他参观的时候予以郑重的接待。 （下划线部分，与大阪《朝日新闻》的报道一致）
张謇日记中相关记载及说明	闰五月十三日 早往真驹内，观种育场。场自明治10年仿美国法建。 步行至平岸，观公立单级小学校。 九时北海泰晤士新闻社记者辻筹夫来谈，问我国士大夫近日满洲事处置宗旨。余言无处置之权力，不愿张处置之空谈。二十年来稍留心于实业教育，近方稍有着手处，是以来游，求增长其知识。东士大夫有能以维新时实业教育经验之艰难委曲见教者，愿拜其赐。他不遑及也

续表

项目	内 容
扫描原图	●清國人の本道視察　清國江蘇通州人字季直、大生紡績社長通海墾牧社長通州民立師範學校長の肩書を有する張謇、江蘇呉縣人字季直蔣黼及東京農科大學留學生路孝植の三氏は一昨夜來札昨朝札幌農學校南博士の案内にて道廳長官代理大塚事務官を訪問し午後は農工課佐藤技手の案内にて農學校附屬農園及農事試驗場製麻會社製粉會社等の觀察を爲したるが本日は眞駒内種畜場前田農場を巡回し明日は小樽築港高島水産試驗場朝里單級小學校の實況を視察すと云ふ 以下北海タイムス缩微胶片来自札幌，北海道立资料文书馆 资料来源：北海タイムス，1903 年 7 月 7 日
翻译	7 月 7 日报纸登载 清国人的本道视察 清国江苏通州人，字季直，兼任大生纺织社长、通海垦牧社长、通州民立师范学校长的张謇、江苏吴县人字季直（此处有误，应为字伯斧）的蒋黼、及东京农科大学留学生路孝植三氏一行，前天夜里来到札幌。昨天上午在札幌农学校的南博士引导下访问了北海道厅长官代理大塚事务长，午后由农工课的佐藤技师引导到农学校附属农园和农事试验场、制麻会社、制粉会社等处视察。据说，今天将去真驹内种畜场和前田农场巡回。明天去小樽筑港和高岛水产试验场、朝里单级小学校等处进行实况视察
张謇日记中相关记载及说明	闰五月十二日 南君导诣北海道厅事务长大塚贡。又晤其土木科长武井吉贞。旋至新建之农学校，及农园试验场。午后观制麻株式会社工场。次观重谷木栻工场。 闰五月十四日 至茨户，观前田牧牛场。前田名利，为年仅十八，袭侯爵，比方从学于东京示范学校，故加贺藩菅原之后也，自其父始易姓前田。饭后，观石狩川。道经一寻常小学校，问之亦单级，下车观焉。归途经创成河侧，见欧法之木闸。属佐藤六郎代作模型。复经东皋园，看芍药菖蒲。观农学校博物馆。 闰五月十五日 七时行，至小樽。饭后，驾舢板观筑港。工程师某赠防波堤设计图。比例六千分之一。次观水产试验场
扫描原图	[illegible] 资料来源：北海タイムス，1903 年 7 月 9 日

续表

项目	内 容
翻译	7月9日报纸登载 与张蒋二氏的访谈 前天七日夜相约在山形屋访问了清国人张謇和蒋黼两位。他们得知我的来访，在前面留了一把椅子，右面是张氏，左面是蒋氏，对面是路氏，围着桌子进行了谈话。记者在预留的空椅子上就座后，由路氏作翻译进行交谈，同时各自借助铅笔的辅助进行交流。对于这次来北海道的目的，一是在日本观光巡游，到大阪参观博览会是主要的目的，另一个目的是为了考察北海道拓殖的现状。他们在博览会上参观了北海道的展览，进一步加深了对北海道的兴趣。因此，立即从首都东京向北海道出发了。从上面的谈话推知，他们实际上是热心农牧业、也很热心教育的人。然后询问他们对满洲问题的意见，张、蒋两氏突然闭口不谈了。再度开口的时候，仅说与东洋相关的事，有所担忧，在敝国，像我们那样的人，没有向国家献策或者谈论政治的渠道和权力。因此，现在只是考察世界的现状，除培养人才、增加国家生产、增强实力外别无他求。由此得知他们向教育、实业倾注心力的原因。关于满洲问题，由于担心，只说了一句，随后又健谈起来，对于本道的参观，作了很多回答。说到北海道应该参观昔日的蝦夷之地，比预想进行了更深入内地的探访，得知了其具体情况，吾等见过的地方，跟仙台以南青森以北的本土相比，北海道开阔得多。关于北海道的农业，对热情的指导说明表示了感谢，并说贵国的农会，是根据法令创立的，很有秩序。像我们国家，关于农牧，没有任何规定，所以在这种不良的状况下建立类似农牧的法令，需要知道贵国各农会法令颁布前的各种组合的情形。在回去的路上，还将到东京访问大日本农会，询问一下教育问题。我国最近颁布了学令，建立了大中小的学制，目前全国各地学制开始建立、比比皆是，这是我最近调查村落的学风讲授的情况的原因。张蒋两人的谈话内容主要是关于教育，他们也谈及农牧的事，蒋氏对本国的民设农会比较关心。（未完）
扫描原图	资料来源：北海タイムス，1903年7月9日
翻译	与张蒋二氏的访谈（续前） 张謇想对实际所见逐渐进行实施，但是却没有可实行的。他说，教育是国家兴隆之本，但是缺乏教育者，如何进行？垦牧是国家财富的根源，但是没有法规，如何进行？因此，他建立了通州师范学校、通海垦牧股份公司、大生纺织股份公司，自己做校长、董事长，从事教育、工商。前面提到的三个人都和这些学校、公司的创立有关，而且作为典范组织实施。实施过程中感觉到与理想相符的也有，与理想相差较远的也有，以来大阪世博会参观的契机来考察，特别是北海道的开发时日尚浅，对他们预想这里会是特别合适的参考地，这是他们来日参观的主要目的。从他们的谈话中得知，来北海道的目的是参观畜牧场，专注于参观畜牧场设施，考察自己所有的扬子江沿岸的畜牧场布置是否合适。并参观了小学，听取了校长的说明，非常关心该地区学校每年的经费、教学大纲的制定方法。记者还说明了除了正常学校教育之外还有简易教育，他们询问了这一制度的详细内容。蒋氏还特别问起了阿伊努人的事，记者所了解的信息可能无法满足其需要，只能竭尽所知尽量满足。后来，又谈到了语言学，记者说学习中文时四个声调的分辨非常困难，路氏先开口，说在我国除了作诗以外口语中没那么严格。蒋氏说在我国学习语言的时候，适宜的讲授方法很重要，

续表

项目	内 容	
翻译	采用上下平声、上声、去声的方法教的话，比较容易学会，所以忘记四声的事，从音节的喉、舌、齿、牙、唇等各发音的基础来讲授的话，学起来就没那么困难了，这是语言学者应该考虑的。谈话中还谈到了江苏省苏州唐尧县太湖东洞庭山叫做叶基桢的一个人，他与路氏一样在东京农科大学学习日语，他说学校大槻博士的日本文典、落合氏的语言非常重要。谈话结束时已经到了半夜十二点。他们说在回去的路上，他们将乘坐昨天从札幌发出的火车去往小樽，当天参观小樽的水处理场，今天他们将乘船返回中国。（完）	
	扫描原图	翻译
	●張蔣二氏の一行　張氏一行の来道は前紙に肖像と共に登載せしか氏等は一昨日眞駒内種畜場を視察し其帰途平岸小学校に立寄りて既に放課後なりしか校長に就て単級教授の方法及び諸般の設備並に経費等に関する詳細の質問を遂げ帰札後道農会へ出頭して農会組織に関する視察を遂げたり昨日は午前茨戸附近を巡覧し午後南博士の案内にて博物場を縦覧せしが本日は多分退札する筈なり併し小樽に出るか室蘭に[illegible]かは未定なりと云ふ 资料来源：北海タイムス，1903 年 7 月 10 日	张蒋二人一行 张氏一行来北海道的消息，与其肖像一起登载在前天的报纸上。他们前天参观了驹内种畜场，回来的路上参观了平岸小学，当时已经放学，就向校长详细询问了单级讲授的方法、各种设备及经费等问题。回到札幌后，又去了道农会，考察了农会组织。昨天上午，参观了茨户附近，下午在南博士的带领下参观了博物场。据悉今天大概会离开札幌，但是去小樽还是去室兰还没确定
备注	①清光绪二十九年四月二十六日至六月六日，即日本明治 36 年 5 月 22 日至 7 月 29 日、公元 1903 年 5 月 22 日至 7 月 29 日。 ②本文资料来源是北海道立文书馆所藏《北海タイムス》缩微胶片，复制所得，经作者核实	

附录 4　大阪市小学校三十周年纪念会报道

大阪市教育会主办的大阪市小学创立三十年庆典仪式，今日在城南练兵场举行。皇太子殿下的金车莅临会场，满足了市民的愿望、赐予了我们无上的荣光。值此博览会举办期间，各种相关的大会非常多，而我们能够参加此纪念祝典，相信是有益而有趣味的一件事。特别是能够看到皇太子殿下亲临会场，是大阪市学政的光荣。

回顾维新前，士人阶层的教育以“文武兼备”为目的，至于农工商阶层，读书往往仅以识字为目标；女子方面，即使士人的家室也并不重视，何况一般女子。维新中兴，文武之政改革以来，国家在教育方面亦尽力振作。明治 4 年（1871 年）创设了文部省；明治 5 年 8 月颁布学制，划分了大中小学区，从此开启了义务教育的发端。明治 6 年，小学校总数有 12558 所，学龄儿童的就学率超过 28.13%。而后在当局的奖励和国民的奋发两者共同努力下，风气渐开，山村水郭也能见到粉壁巍巍的校舍，樵舍渔户亦无时不传出春诵夏弦的声音。明治 33 年，学校数达到 26856 所，学龄儿童就学率达到 81.48%。不识字的国民渐渐消失。大阪市也是如此，市民们都目睹了学制从寺子屋制度晋升为小学校制度，以至今日盛况的演变，就不再赘述。俯仰考察其所以然者，谁都会为教育的发达感到惊讶。而教育工作者尽忠奉公、立身行道是根本原因。学术艺业的进步也值得大家共同期待。

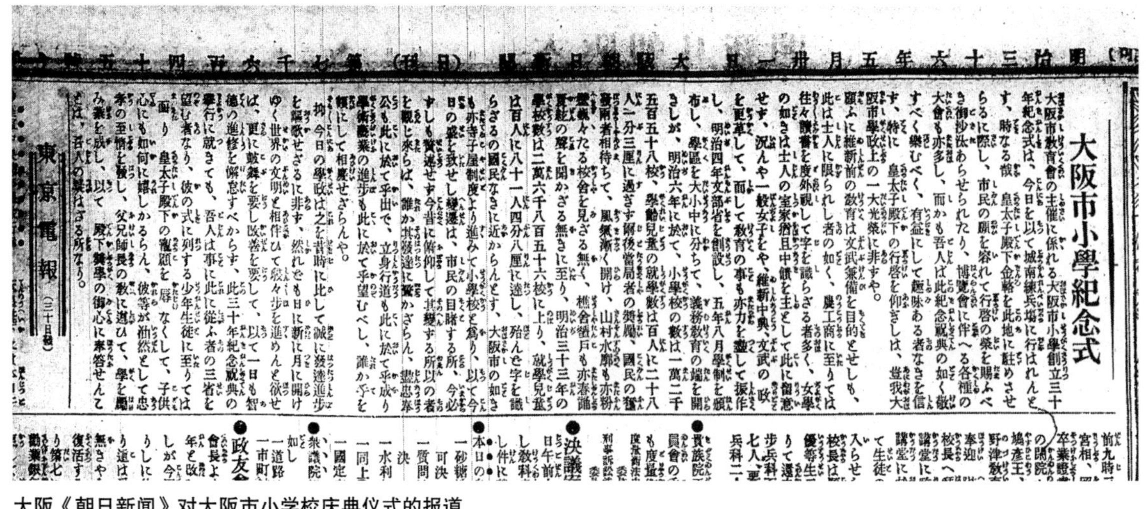

明治三十六年五月卅一日　大阪朝日新聞　（日曜）　第七千六百四十五號

大阪市小學紀念式

大阪市教育會の主催に係れる大阪市小學創立三十年紀念式は、今日を以て城南練兵場に行はれんとす、時なる哉 皇太子殿下金輅を此地に駐めさせらるに際し、市民の願を容れて行啓の榮を賜ふべき御沙汰あらせられたり、博覽會に伴へる各種の大會も亦多し、而かも吾人は此紀念祝典の如く敬すべく樂むべく、有益にして趣味ある者なきを信ず、特に 皇太子殿下の行啓を仰ぎしは、豈我大阪市學政上の一大光榮に非ずや。

顧ふに維新前の教育は文武兼備を目的とせしも、此は士人に限られし者の如く、農工商に至りては往々讀書を度外視して字を識らざる者多く、女學の如きは士人の室家猶且中饋を主として此に留意せず、況んや一般女子をや、維新中興、文武の政を更革して、而して教育の事も亦力を盡して振作し、明治四年文部省を創設し、五年八月學制を頒布し、學區を大小中に分ちて、義務教育の端を開きしが、明治六年に於て、小學校の數は一萬二千五百五十八校、學齡兒童の就學數は百人に二十八人一分三厘に過ぎず爾後當局者の奬勵、國民の奮發兩者相待ちて、風氣漸く開け、山村水廓も亦粉壁巍々たる校舍を見ざる無く、樵舍漁戸も亦春誦夏絃の聲を聞かざる無きに至り、明治三十三年の學校數は二萬六千八百五十六校に上り、就學兒童は百人に八十一人四分八厘に達し、殆んど字を識らざるの國民なきに近からんとす、大阪市の如きも亦寺子屋制度より進みて小學校と爲り、以て今日の盛を致せし變遷は、市民の目睹する所、今必ずしも贅述せず今昔に俯仰して其變ずる所以の者を觀じ來らば、誰か其發達に驚かざらん、盡忠奉公も此に於て乎出で、立身行道も此に於て乎成り學術藝業の進歩も此に於て乎望むべし、誰か予を賴にして相慶せざらんや。

抑今日の學政は之を昔時に比して誠に發達進歩を謳歌せざるに非ず、然れども日に新に月に開けゆく世界の文明と相伴ひて駸々歩を進めんと欲せば、更に鼓舞を要し改善を要して、以て一日も智德の進修を懈怠すべからず、此三十年紀念祝典の擧行に就きても、吾人は事に此に從ふ者の三者を望む者なり、彼の式に列する少年生徒に至りては面り 皇太子殿下の龍顏を辱なくして、子供心にも如何に嬉しかるらん、彼等が油然として忠孝の至情を發し、父兄師長の教に遵ひて、學を勵み業を成し、以て 殿下奬學の御心に奉答せんことは、吾人の冀はざる所なり。

東京電報（三十日發）

大阪《朝日新闻》对大阪市小学校庆典仪式的报道

（资料来源：大阪《朝日新闻》，明治 36 年 5 月 31 日，第三版）

今昔对比，学政的发达进步确实值得讴歌，然而伴随着世界文明的日新月异，想要不断进步，就需要更大的鼓舞、更进一步的改善，智德的进修不能有一日的懈怠。值此三十年纪念祝典举行之际，吾等从业者亦应三省其身。参加此次庆典的少年学生没有辜负皇太子殿下的惠顾，他们心中兴奋之余，必油然而生忠孝的至情，更遵从父兄师长的教导、励学成业，报答太子殿下鼓励学业的用心，是吾等置信不疑的。

参考文献

[1] 张謇 . 癸卯东游日记 // 张謇研究中心等编 . 张謇全集 [M]. 第六卷 . 南京：江苏古籍出版社，1994.

[2] 张謇 . 张謇全集 // 张謇研究中心等编 . 张謇全集 [M]. 南京：江苏古籍出版社，1994.

[3] 大阪《朝日新闻》，1903 年 5 月 31 日、6 月 2 日、6 月 4 日、6 月 11 日 [缩微胶片].

[4] 九州 [M]// 飞鸟井雅道，原田伴彦编 . 明治大正图志 [M]. 第 15 卷 . 东京：筑摩书房，1978.

[5] 大阪 [M]// 冈本良一，守屋毅 . 明治大正图志 . 第 11 卷 . 东京：筑摩书房，1978.

[6] 黒坂知帆里，原担 . 大阪市立愛珠幼稚園の現状に関する若干の考察（2）：アンケート調査について [J]. 日本建築学会学術講演梗概集 . E-1，建築計画 I，1995：285-286.

[7] 蒋国政 . 张謇长江宁文正书院始末述论 [J]. 南京社会科学，1999（12）.

[8] 近江栄 . 現存する＜幼稚園建築＞のさきがけ：大阪愛珠幼稚園 [J]. 日本建築学会大会学術講演梗概集 . 計画系 44，1969：883-884.

[9] 江越弘人 . 長崎の歴史 [M]. 弦書房，2007：202-207.

[10] 李伟 . 手岛精一的工业教育理论及其对我国的启示 [J]. 学术论坛，2012（4）：220-225.

[11] 林野全孝 . 愛珠幼稚園の設計過程について [J]. 日本建築学会学術講演梗概集 . 計画系 55，1980：2081-2082.

[12] 马敏 . 张謇与近代博览事业 [J]. 华中师范大学学报（人文社会科学版），2001，40（5）：14-21.

[13] 梅溪升 . 大阪府教育史 [M]. 京都 · 东京：思文阁，1998.

[14] 神户市 . 写真集神户 100 年 [M]. 神户市，1989.

[15] 宋希尚编 . 张謇的生平 [M]. 台北：中华丛书编审委员会，1963.

[16] 横滨·神户 [M]// 土方定一，坂本胜比谷 . 明治大正图志 [M]. 第 4 卷 . 东京：筑摩书房，1978.

[17] 吴良镛 . 张謇与南通“中国近代第一城”[M]// 南通市文化局编 . 南通“中国近代第一城”研究文集，2003.

[18] 许峰源 . 日本大阪内国劝业会与清末中国博览会的兴起 [M]// 王建朗，栾景河主编 . 近代中国、东亚与世界国际学术讨论会论文集（上册），2006.

[19] 原担，黒坂知帆里 . 大阪市立愛珠幼稚園の現状に関する若干の考察（1）：設立経緯と現在の使われ方について [J]. 日本建築学会学術講演梗概集 . E-1，建築計画 I，1995：

283-284.

[20] 于海漪 . 南通近代城市规划建设 [M]. 北京：中国建筑工业出版社，2005.

[21] 于海漪 . 日本公众参与社区规划研究之一：社区培育的起源、概念与启示 [J]. 华中建筑，2011（2）: 16-23.

[22] 永井理恵子 . 明治後期における大阪市愛珠幼稚園舎の形態に関する一考察 [J]. 学術講演梗概集 .F-2，1997 : 31-32.

[23] 越中哲也，白石和男编 . 写真集明治大正昭和长崎 [M]. 东京：国书刊行会，1979.

[24] 札幌《北海タイムス》，1903 年 7 月 7 日、7 月 9 日 [缩微胶片].

[25] 周建忠 . 大阪大学藏“楚辞百种”考论——关于西村时彦“读骚庐”怀德堂 [J]. 职大学报，2008（1）: 8-30.

[26] 张绪武 . 张謇 [M]. 北京：中华工商联合出版社，2004.

[27] 张劲松 . 日本德川幕府锁国时期的日中、日荷贸易及其比较 [J]. 日本研究，1987（3）: 51-55.

[28] 章开沅 . 张謇传 [M]. 北京：中华工商联合出版社，2000.

[29] H.Yu，T.Morita.Zhang Jian and City Planning in Nantong，1895-1926[J]，2008 : 263-270.

[30] H.Yu，T.Morita. Nantong : How an Individual Influenced City Planning[C]. Chicago，Illinois : 13th Biennial Conference，2007 : 254-263.